U0924673

所以
爱能超越一切吗

高敏感者的亲密关系必修课

[法] 埃洛迪 · 克雷佩尔 ——— 著
汪颖婷 ——— 译

台海出版社

北京市版权局著作合同登记号：图字 01-2023-1792

Originally published in France as:
Je t'aime, un peu, beaucoup, hyper sensiblement by Élodie Crépel

Current Chinese translation rights arranged through Divas International, Paris
巴黎迪法国际版权代理（www.divas-books.com）

图书在版编目（CIP）数据

所以爱能超越一切吗：高敏感者的亲密关系必修课 /（法）埃洛迪·克雷佩尔著；汪颖婷译. -- 北京：台海出版社，2023.7

ISBN 978-7-5168-3592-0

Ⅰ. ①所… Ⅱ. ①埃… ②汪… Ⅲ. ①心理学—通俗读物 Ⅳ. ① B84-49

中国国家版本馆 CIP 数据核字（2023）第 118314 号

所以爱能超越一切吗：高敏感者的亲密关系必修课

著　　者：[法] 埃洛迪·克雷佩尔　　译　　者：汪颖婷

出 版 人：蔡　旭　　封面设计：仙　境
责任编辑：徐　玥

出版发行：台海出版社
地　　址：北京市东城区景山东街 20 号　　邮政编码：100009
电　　话：010-64041652（发行，邮购）
传　　真：010-84045799（总编室）
网　　址：www.taimeng.org.cn/thcbs/default.htm
E-mail：thcbs@126.com

经　　销：全国各地新华书店
印　　刷：三河市嘉科万达彩色印刷有限公司
本书如有破损、缺页、装订错误，请与本社联系调换

开　　本：880 毫米 × 1230 毫米　　1/32
字　　数：167 千字　　印　　张：8
版　　次：2023 年 7 月第 1 版　　印　　次：2023 年 7 月第 1 次印刷
书　　号：ISBN 978-7-5168-3592-0

定　　价：59.80 元

目　录

Contents

引　言

只有用心才看得真切。肉眼看不见事情的本质。

——安托万·德·圣-埃克苏佩里，《小王子》

从我首次在心理咨询和家庭调解过程中接触高敏感人群和高敏感恋人至今已有好多年了。时间越久，我越觉得安托万·德·圣-埃克苏佩里的这句话完美地描绘了与我分享恋爱经历的很多来访者的爱情体验，尤其是在感情中高敏感的人。打动我的是，他们每个人都有一种无法抑制的欲望，想要找一个人去爱，他们的爱超越了外貌，只想用最真实的自己真诚地去爱一场。他们当中的许多人把自己投射到完美的爱里，一会儿害怕被对方抛弃，一会儿又陷入疯狂。有时，他们会在爱里跌倒，因为这些高敏感者可以为自己爱的人付出一切，为对方倾尽全力并暴露自己的脆弱，但如此一来，恋爱关系很可能会折翼、枯萎，甚至幻灭。

就这样，我在这些年里遇到了这些极度渴望爱情，既为爱陶醉又在爱里战战兢兢的人。每次见面，他们的心会被重新打包，产生许多问题和忧虑：我还要在爱情里苦苦挣扎吗？这个人是我的命中注定吗？我配得上他的爱吗？我们能成为幸福的一对吗？这个人真的爱我吗？我会不会做得太多？如果把他吓跑了怎么办？

于是，他们不断理性地思考，而忘了倾听自己内心的声音。他们打破了对直觉的信任，最终相信对方不会爱自己，因为他们已经不再用自己的感官去感知这段关系了。然而，正是这些高度灵敏的感官让他们成为高敏感的人。在与自己的这部分进行对抗的同时，他们斩断了在恋爱里获得幸福的唯一途径。他们常想满足对方的期待，但可能选择了一位并不适合自己的伴侣，然后在这段不健康的关系里封闭自己。虽然令人难以接受，但事实就是：像这样充满希望然后又充满失望的爱情故事，我在咨询中已经不知道听到有多少了……

然而，这种半吊子的关系远不是他们最终的命运，有许多高敏感者也能在爱情里找到幸福。但这些高敏感恋人都有一个共同点：他们恋爱的方式与别人截然不同，更不用说如果两个人都高敏感了。这本书充分地尊重高敏感者，让他们明白自己的独特性会让恋爱方式变得与众不同，并在恋爱体验过于强烈，甚至趋于混乱时为他们提供支持。

更好地认识自己从而更好地相爱

很多人并不了解自己，不知道自己是高敏感还是“标准人群”。高敏感恋人是非典型人群的一种，他们不一定知道自己是特殊的，因此也不知道自己独特的恋爱方式。非典型人群不仅表面和别人不一样，更主要的是他们的大脑以不同于标准的方式运行，例如天赋异禀、高敏感、自闭、有学习或注意力障碍、多动等表现。因此，我们所说的神经性非典型人群与大脑以标准方式运行的神经性典型人群是相对的。

在此条件下，比起神经性典型恋人，神经性非典型恋人更需要理解自己，从而被他人理解，也更需要了解自己的独特性，从而了解自己的需求和局限性。这种自我认知有助于他们更好地和对方沟通，并能够借助一些方法和工具在日常生活中寻得幸福。这是我作为调解师想告诉非典型恋人和非典型人群的第一件事：认识自己的独特，以及它对恋爱生活可能会造成的影响。这么做的原因自是不必说：了解清楚自己的特点，尤其是自己的神经性非典型特征，就是赋予自己存在的权利。认清自己与别人确实存在一些无伤大雅的不同之处，才能学会爱自己和爱别人。因为如果我们不了解自己，就容易自我攻击，无法忍受自己和他人的差异，永远与自己和别人较劲。因此，我希望这本书能让你认识自己的不同之处，并能在你的恋爱生活中进一步升华它，让它成为你的优势，从而建立长久稳定的恋爱关系。

高敏感人群：看不见的少数人？

高敏感是时下的热门话题。它不断地被用来形容一些人眼里的缺陷（“我们什么都不能告诉他，否则，他的情绪会来个一百八十度大转弯，因为他是高敏感者！”），或者用它来解释一些我们不太能理解的差异，但这却可能会掏空高敏感本身的含义。然而事实是，高敏感今天已成为无数科学研究的主题，也是我想在此和大家分享的主题。

在我看来，对高敏感的研究是必要的，因为它不仅能让非典型人群和高敏感人群更加了解自己，从而获得更幸福的恋爱关系，同时，它还能让其他人正视他们的独特性，而不会像现在的部分人一样否认非典型人群与他人的不同。事实上，高敏感人群长期遭到非议。

美国心理学家埃莱娜·阿伦博士研究高敏感至今已有三十年，她是高敏感问题的先锋，我曾有幸师从于她。埃莱娜·阿伦博士认为，高敏感之所以长期遭到贬低，一方面是因为敏感这一特点长期被轻视和边缘化，另一方面也是因为它被完全隐藏起来，被认为是一种病。结果就是非敏感人群不了解高敏感，而高敏感人群自己也没有意识到自己的独特之处，因为他们格式化般地抑制自己的敏感。然而，几乎有百分之二十的人，无论他们的年龄、性别、国籍和社会地位，会有这样或那样的非典型症。因此我认为，让高敏感和天赋异禀（现常用来形容天资过人的人）以及其他非典型症一样获得更高的关注度、被更准确地认知极为重要，这能让他们在恋爱中得到所需的帮助。这也是我在接下来的几个章节中想要努力做到的。

测试你的敏感度正常吗？

你也许会有所怀疑……但永远不确定自己究竟是不是高敏感者（或其他的非典型症），更无法确定你的伴侣是不是这种情况。为了找到答案，我邀请你回答一些问题。下面有两个测试，一个是为男士准备的，另一个是为女士准备的。

为什么还要按性别区分呢？因为男人会更多地隐藏自己的敏感，而女人则会更多地束缚自己过人的天资。测试的第一宗旨是根据你的总体感受绝对诚实地回答这些问题（当然总会有一些特殊情况）。

请注意：

1 = 完全不是或者我不知道

2 = 很少是这样

3 = 有时会，根据实际情况

4 = 经常如此

5 = 完全如此

测试结束后，请计算一下你们的总分。

问卷（供女士回答）

	1	2	3	4	5
大家以前常说你一会儿是个文静的小女孩，一会儿又过度活跃（而这不一定是夸赞）。					
大家经常让你不要“任性”，停止你的“表演”，对你的眼泪认为“不至于”。					
你总和动物、儿童或大自然保持亲密的关系。					
你很喜欢艺术和手工。					
你对瑜伽、冥想等让你获得平静，精神得到滋养并能自我反省的活动感兴趣。					
你关注公平正义和各种形式的暴力。					
你时常羡慕甚至嫉妒那些看起来能很好地“管理自己的情绪”，非常自信、强大、独立的女性。					
你有很强的直觉，即使有时你不太相信自己的直觉。					

你对太阳光、人造光、一些声音和气味等非常敏感。					
恋爱中的你需要感受到和伴侣之间的链接，对你来说，最重要的是相信能和伴侣保持安然、正向的沟通。					

问卷（供男士回答）

	1	2	3	4	5
在你小的时候，大家经常让你“不要哭得像个女孩”，你很快就明白到“男孩是不可以哭的”。					
你不喜欢你的朋友开有些过火、粗俗或歧视女性的玩笑。					
打小你就幻想自己以后结婚、生小孩，这是你一直以来的愿望。					
你对美术、音乐、大自然等事物饶有兴趣。					
你很容易被光线、巨大的声响、气味等惹恼。					
你的脾气有些急躁，容易焦虑。					
你非常在意别人的眼光和看法，想要获取别人的认可。					
你和女人待在一起比跟男人待在一起更自在，你大部分的朋友都是女性。					
你觉得男人之间的关系挺肤浅的，你更想时常能和其他男人开诚布公地交谈。					

你选择了一份具有帮助性、社会性或跟艺术相关的工作（通常这些领域的女性工作者居多）。					

计算一下你们的分数！

你的得分：	你的伴侣的得分：

测试结果（不分男女）

● 25分以下

和大多数人一样，你自己有一定的敏感度，但你不像是高敏感人士。就本身而言，这既不是一件好事也不是一件坏事，仅仅是你在这个世界上的一种存在方式。但和你生活在一起的人却有可能是高敏感者。如果真是如此，就请试着理解你们两人各自在日常生活和恋爱关系中互动以及生活的方式。

● 25~35分

也许有必要知道社会标准（和别人一样）或规范（成为人们教你成为的样子）是否阻碍了你自由地表达你的敏

感潜力。不幸的是，这种情况并不少见。

也有可能你的敏感度比平均水平高出一些，但并不是高敏感者。知道你究竟属于哪种情况的唯一方法，就是让你充分地体会自己的敏感度。如果你对自己的敏感或情绪有所抗拒，那么肯定是你的教育或文化修养在一定程度上阻碍了你，很多非典型人士就是这种情况。这种阻碍从长远看会造成很多问题，你可能已经有所了解，比如无法对自己满意、人际关系出现问题、职业倦怠、出现焦虑障碍等。如果你是这种情况，也不用害怕，因为这对你来说也是一次探索自我从而完全接受并爱上自我的绝佳机会。

● 35分以上

你是典型的高敏感人士！你肯定具有超群的潜力，能够汇集大量的情绪感受，调动一种或好几种神经感官（你身上的一些感官比大部分人更加发达）。也许你的这种独特性有时会给你带来麻烦，但这真的是一种幸运，因为你享有一种独特的智慧。剩下的就是去理解它并发展它。当然，特立独行也许并不容易，但你要知道你的这一特性具有神奇的力量。

你们二人属于哪种情况？

你二人各自都有35分以上

十有八九，你们两个人都是高敏感者。肯定也是对方容易沟通，能够理解你的这一特性吸引了你。换句话说，你们身上多少体现出了人以群分的道理。你们在日常生活中有时会遇到考验，尤其是当两人都处于高敏感状态时。

但和对方在一起时，你肯定有一种被“看见了”的感觉。也许你欠缺的只是找到能协调两人敏感特性，并提升两人关系潜力的钥匙。

两人中只有一人在35分以上

从分数上看，你们当中有一人是高敏感者而另一人不是，或者看起来不是……因为在有些情况下，敏感可能会被隐藏或无视长达数年。因此有可能的情况是，你或你的伴侣长期以来都在和自己的一部分抗争，有时甚至是无意识的。还有一种可能，那就是你（或者和你生活在一起的伴侣）会即时批评对方的敏感。而往往是批评对方敏感更多的那个人，是两人中更高敏感的人。当然，你也有可能习惯了对方的敏感。也许你或你的另一半正是被对方的敏感所吸引，对方的敏感正好填补了自己的愿望，就像两块拼图正好找到了自己缺失并需要的那一块。的确，一个高度敏感的人被一个不太敏感的伴侣所治愈的情况并不稀奇，而后者反过来也会欣赏高敏感人士的创造力以及他与众不同的世界可以带给他的一切。这或许正是你的机会！然而，如果你们是这种“混合型恋人”，就一定要积极看待双方的差异，并注意或许正是你们的这些不同之处成就了你们的恋情。总之，你们会在接下来的章节明白这一思路。

你俩的得分都在35分以下

你们应该都不太敏感，或者藏起了你们的敏感。问题始终都是一个：你们在多大程度上欣然接受自己的敏感？这是一个很私人的问题，需要你们对自己绝对诚实，这同时也是一个需要时间来回答的问题。

无论如何，请记住每个人都有一定的敏感度，你们不是高敏感者不代表你们没有其他的特性，例如天赋异禀、自闭、注意缺陷多动障碍、言语障碍等。这些特性也会让你成为非典型人士，让你和你的伴侣成为非典型恋人。也许正是因为你们觉得和对方有所不同而产生了敏感。因此我想邀请你们去探索敏感，以此追寻个人和双方的幸福。

当然，这个小测试并不能代替有资质的专业人士的分析，它只能给你启发，让你开始思考。

第一章

高敏感者的内心世界

你和他人的不同之处正是上天献给人类的礼物。

如果没有这份礼物，世界将变得晦暗，

充斥着完全相同而混沌不清的脸。

——若埃尔·洛朗森

一个人很少只有一种非典型特征。现在最为大家熟知的是高敏感，但它并不是唯一的非典型特征。一位高敏感者可能同时伴有天赋异禀、自闭、注意缺陷多动障碍等。乍一看，这些词语可能有些骇人，甚至令人想要撇清关系，但它们只是一些词语，背后蕴藏的真相与害怕自己“不正常”的忧虑相去甚远。因此，我建议你先扫除对非典型症的一切刻板印象，然后沉浸到一个想象的世界中去，在这里与众不同恰是人们的正常状态。这么做的目的只有一个：更好地理解你自己和你的伴侣。

到底什么是高敏感？

高敏感是一种长期以来被低估，甚至被蔑视的人格特征。为了重塑它的名誉，让人们看到这一非典型特征实则是一种财富，精神分析学家萨维里奥·托马塞拉和作家玛丽——弗朗斯·德·帕拉西奥于2016年成立了敏感研究所。这是法语世界第一家以高敏感为主题的研究所，整合了此研究领域的所有相关信息。2021年，我成为研究所的联合管理人（同教练范妮·马雷一起），致力于充实关于敏感的准确资料，从而让它在法国乃至世界重振声誉。借助所有的这些资料和知识，以及我的人脉资源和书籍，每天我都试着对高敏感问题做出更具体、更科学的回答。这么做是非常必要的，因为在法国，每当谈到高敏感，总有一些医疗工作者质疑它的存在，或者寻找它的病因（他们认为高敏感是一种需要治疗的病）。然而在我的家乡苏格兰，高敏感是一个很平常的问题，医护人员会尽量地去理解你，理解你的反应，从而更好地陪伴你。我希望法国能尽快赶上步伐，弥补对高敏感的认知不足。

日新月异的知识

《拉鲁斯百科全书》将高敏感定义为：“暂时性或长期性的，比平均水平更高的敏感度，当事人自己会感到不适，周围的人会觉得‘夸张’甚至‘过激’。”如果说这一定义足够清晰，那么相关的研究成果证明高敏感实际上比这更加复杂。

关于高敏感的研究始于1991年，研究者是当时正在研究爱与亲密关系心理学的两位心理学家埃莱娜和阿瑟·阿伦。

继他们的第一次尝试后，研究者们就开始探究敏感这一主题，甚至动用功能性磁共振成像来研究它。功能性磁共振成像可以在一个人完成一项任务或进行讨论时看到他的大脑活动，观察出大脑的哪一块区域被激活，以及以怎样的频率和强度在活动，从而知道两个主体的大脑活动是否相同。意识到这一工具在研究非典型症时的功用后，心理学家雅德西亚·雅盖罗维茨做了一个实验，她将两幅相似的图像分别拿给高敏感人群和标准人群看，从而对比他们的大脑活动情况。最终她的结论是，高敏感人群的大脑活动区域比标准人群的活动区域反应的速度更快、强度更大。

不同的大脑运转方式

埃莱娜·阿伦随后扩大了实验研究的应用范围，来对比功能性磁共振成像观察下，亚洲人和美国人的大脑活动，她发现不同的大脑活动与文化差异无关，只与敏感度的差异相关。神经科学家比安卡·阿塞韦多也做了一个类似的实验，她把一些相似的照片而不是图画拿给实验对象看，而照片比图画更真实，因此更能激发实验对象的情绪。通过这个实验，比安卡·阿塞韦多发现脑岛在高敏感人群的大脑中起到了重要作用。

脑岛，或称大脑的岛叶，主管情绪，是大脑皮质的一部分，因此也被叫作“意识的中枢”。脑岛能更清晰地感受到我们的知觉，从而产生感觉、思想或直觉。而高敏感人群的脑岛更为活跃，因此他们会更加机警，对周围的环境保持高度敏感。更具体来说，我们通过功能性磁共振成像，发现他们在完成一些任务或看一些图像时大脑反应得更迅速、更猛烈，从而产生了一些高敏感人群的共性：情感反应激烈、喜怒无常、感觉阈值低、能量水平会迅速下降。

小贴士

情绪记忆

情绪记忆是你对事件的记忆。它们并不是对事实的记忆，而是随着时间推移被你的主观理解修改过的记忆。这就是为什么一些儿时的记忆十分强烈、伤害极大，但如果它们发生在今天根本不值一提。非典型人群的大脑活动能影响他们的情绪记忆，尤其是涉及事情的细节或者身体产生记忆的方式时。高度敏感的人很可能会再次产生遥远记忆中的感受，进入相同的情绪状态（如恐惧、喜悦、难过等），因为他们可以高度还原当时的气味、声音、皮肤的触感等。这种感觉记忆会进一步加强他们的回忆，让回忆更持久、更强烈。如此，他们的情绪记忆变得更加强烈，这既是一件好事（可以一直记得开心的事），也可能会造成困扰（因为我们会长时间反复思量同一件事）。

高敏感、超敏感还是敏感潜力？

现今丰富的科学文献促进了这一特性的相关知识以及词汇的发展。我们常说高敏感、超敏感、高度敏感或敏感潜力，可能会有点晕头转向。但这是有原因的：我们越熟悉一个领域就越想细化相关的用语，也就是词汇。这是一件好事，因为“高敏感”这个词还没有得到所有人的认可。的确，表示最高级的前缀“高”好像带点贬义，意味着“过于”“不正常”，甚至有点“神经质”。但很多高度敏感者并不认为自己就是如此，而是用一种更积极的方式看待自己的敏感。为了精确地形容敏感，曾出现过好几种说法，到现在多少也达成了共识。

- 萨维里奥・托马塞拉是一个提出超敏感的人，超敏感指正向发展自身敏感的人，与在痛苦中挣扎的高敏感者相区分。
- 随着神经科学的发展又出现了“敏感潜力”一词，它不仅与智力或情感高潜力相关，还带来了新的视角：敏感力可以终身发展。

不同的敏感度

对于有着“标准”敏感度的人来说，这一有关用语的讨论显得微不足道。但我之所以强调用语的问题，是因为存在好几种不同的敏感。当然，它们之间会有重叠的地方，但它们无论是根源还是对当事人生活的影响都是不同的。

- 一种是先天性敏感，我在这本书的后面也会提到。它的特性是什么？它是一种天生的敏感，就像眼睛、皮肤、头发的颜色一样。
- 另一种是创伤性敏感，这种敏感与生活中经历的事件相关，造成了痛苦并且反复发生，对当事人的敏感产生了长期影响。比如从小经受的暴力伤害让孩子变得敏感并在他成年后依旧给他留下了阴影。情侣间的一些问题，例如对对方缺乏信任、病态的嫉妒心、性功能障碍等，也是同样的道理。这些问题跟敏感没有直接关系，但问题的根源出自当事人的过去。不过这种巨大的创伤也能通过催眠或眼动脱敏再处理疗法得到控制和缓解。只要创伤得以退却，与过去达成和解，极度的敏感就有可能消失。

人们经常问我有没有可能一个人同时有两种类型的敏感。答案是肯定的！我们可能既是高度的先天性敏感，又是创伤性敏感。也正是因为敏感有多副面孔，用对词语（因此才需要创造这些词语）从而让每个敏感人士能对上号才显得尤为重要。

小贴士

如果我们的敏感跟创伤有关，我们会不会变得不幸？

科学期刊《个性与社会心理学公报》2005年发表的一篇文章似乎证实了这一点。基于针对高敏感人群（一部分是创伤性敏感，而另一部分不是）做的四项实验得出了好几个有意思的结论。

- 创伤才是痛苦和神经症的根源，而并非先天性敏感。
- 有创伤性敏感或与父母存在不安全的依恋关系的人更容易焦虑或抑郁，这与大家迄今普遍认为天生高度敏感的人更容易焦虑和抑郁的观点不同。
- 另外，其他研究表明，高度敏感的人（而非创伤性敏感或已经化解了自己的创伤的人）比不是高敏感的人更容易感到幸福和生活中的小确幸。

高敏感是基因问题吗？

如果我们更深入地探究就会产生一个疑问：如果是先天性敏感，它的敏感潜力从何而来？

● 有一些研究者提出假设，认为高敏感可能跟基因有关。第一个在这个方向上做研究的科学家是斯蒂芬·索米——美国贝塞斯达国家儿童健康与人类发展研究所比较行为学实验室的主任。他观察到一些出生时有特定基因特征的猴子对压力更敏感，而这一特征也赋予了他们更好的记忆力和决断力，让他们更容易成为团队的领导。加利福尼亚大学心理学和社会行为学学院的陈教授还做了一项研究，得出了更精确的结论：人类身上的这一基因特征源自掌管幸福的激素——多巴胺的七个基因变异，对行为有一定影响。他们尤为关注环境中的细节和他人的态度，更加想要适应，因而产生很大的压力。

● 其他的一些专家则更倾向于认为高敏感的根源在于表观遗传学——研究环境影响下基因活动变化的科学。比如一件令人印象深刻的事反复地、猛烈地发生（例如暴力），或者一种极大的压力都可能对当事人造成创伤，如此可能造成他体内的基因变化，从而产生高敏感。据这些专家所言，高敏感首先应与围产期中的胎儿遭遇的创伤有关。然而迄今为止还没有科学研究能证实这一观点。

● 但环境似乎与敏感潜力确有关联。埃莱娜·阿伦的研究证实了这一点，她发现在充满善意的环境里成长的孩子会发展更强的适应能力和更积极乐观的态度。她由此推论，如果说一些基因的变异可以解释一个人的性情，那么环境对他是否变得更焦虑、更沮丧或发展出所谓的“优势敏感”，也就是与自己的高度敏感和平共处的能力起到了决定作用。

于我而言，究竟是先天还是后天的讨论意义并不大，因为真正的问题在于当事人是否因为自己的高敏感感到痛苦。至于高敏感的根源在哪儿也不重要，因为无论如何，当高敏感人群遇到困难时，为安慰他们所给予的陪伴是一样的。和多数治疗师一样，我在执业时发现高敏感和其他非典型症一样通常与家庭因素相关，甚至有时跟隔代亲属相关。因此，如果只考虑平息家庭内部矛盾，则有必要了解清楚家里有没有其他的非典型人士。

敏感首先是一种潜力

不管高敏感根源的争论是什么，我认为人们应该明白所有生物，包括人类都有自己的敏感力，它是独一无二、无与伦比的。这也是为什么两个同为高敏感的人却不尽相同，因此，和另一个非典型人士恋爱并不足以缔造一段幸福的恋爱关系。

但我们每个人天生都有一定的敏感潜力，并在后天随着生活阅历的增长不断发展。假如你成长在一个成员情绪稳定的家庭里，也许你会有更多表达感受和需求的空间。成长过程中你也一定会照顾好自己的情绪。假如情况相反，你周围的人总让你“不要任性”，跟你说“你还是应该坚强一点”，或者对你的情绪有诸多议论，那么你极有可能在生活中总是有意识或无意识地管理你的情绪，不断疏导它从而忘记它，因为在你看来，这些情绪给你造成了困扰甚至阻碍。弄清楚你从何而来可以让你明白为什么和你的敏感保持着现有的关系。这是理解自己、理解自己人际关系的开始！

高敏感如何显现？

高敏感有独特的运行方式，在日常生活中带给人不同的、强烈的情绪体验。这也是为什么每当我们提到高敏感，脑海里浮现的通常都是一个脆弱（避免用“软弱”）的人，他总在哭泣而且总是需要帮助。我们会想到一个需要被人保护的弱小生命，他不懂得自我保护，就像暴风雨里一朵脆弱的花。然而这其实是对高敏感的夸张印象。

小练习

打破刻板印象

这个小练习可以用来打破你对高敏感的刻板印象，只有先意识到你的偏见，你才能战胜它。

请拿出一个本子（你阅读的时候会一直需要它），还有一支笔，然后写下当你看到“高敏感”这个词时你想到的一切。你可以任意地写下一些词语、句子或者画画。你联想得越多，写下的就越多。然后请保存好它。随着你对接下来几个章节的阅读你可能会再次需要它。

许多高敏感人士会压抑自己的情绪，因为他们从小就被人要求这么做。他们不仅不是脆弱的花朵，相反，会给自己筑起巨大的盔甲，认为自己在这个世上只能这么活！但是也有一些高敏感人士接受了自己，和自己的情绪和谐共处（众所周知的超敏感人群），他们会运用自己的抗打击能力（在挫折中成长的能力），因此比很多人更懂得如何面对困难。

的确，很多高敏感人士都非常情绪化，比起没有这一特性的人，他们哭得更多。请注意我说的是“更多”而不是“更轻易”，“更轻易”的潜台词是“不为什么而哭”或“为微不足道的事而哭”。事实上，高敏感人士也会笑，甚至比其他所谓的“正常人”更容易感到高兴，这一点也许会是他们以及他们的恋人的幸福源泉……

关于这一点，我们说得还不够多！

那么，高敏感究竟是如何表现的？它对高敏感人群的恋爱生活究竟有哪些影响？我认为有必要记住它的三个具体特征——情绪高敏、感觉高敏、刺激高敏，以及内倾性，也需要记住恋人间的高敏感并不一定会造成问题！相反，它通常是一种力量。

托马和安热莉克的话

当我们高度敏感时，我们会想很多，包括出现消极的思想。这时不能把对方的情绪当成自己的，而应该试着理解他，并和他一起克服困难或消除他表达的恐惧。在我们的恋爱关系中，我们有着相同的敏感度和思维体系，这让我们更容易做到这一点，也非常有助于两人之间的恋爱关系达成平衡。

情绪高敏

情绪高敏是频繁地以强烈的方式感知并表达自己情绪的能力。这种感觉就像在坐情绪过山车、玩溜溜球，能迅速地转笑为哭。高敏感人群的大脑就是这样搭线的，强烈地、高频次地感知事物。尤其在恋人之间，情绪高敏就像食品添加剂，开心、难过、生气等所有的情绪对情绪高敏者来说都来得更为强烈。如果这一特性能被对方亲切地接受，那么它将使两人的生活变得更加刺激！

不幸的是，情绪高敏非常不稳定，很少能被对方亲切地接受，相反，情绪高敏者必须面对批判的目光、他人的不解和高压的环境。因此与我们的想象不同，和另一个高敏者谈恋爱并不容易，因为即使满溢的情绪能被完全接受（而不仅是控制或排斥这种情绪），它仍然过于猛烈而让恋情难以为继。

同理，情绪高敏能在高敏感人士的非高敏伴侣身上产生满溢的情绪。对于那些不太善于处理自身情绪，不断想要疏导和管理情绪的非高敏感伴侣来说更是如此。结果就是他们无法忍受高敏感的对方不想或者不能像他们那样做。我咨询时常观察到如果一对恋人中的其中一人不是高敏感人士，他的反应通常是激烈的。为什么？答案是镜像神经元。对非高敏伴侣来说，他不能接受对方的情绪传递给自己，这让他变得暴躁，觉得必须终结对方的高敏感情绪，于是批评对方，让对方相信自己是过错方。

小贴士

什么是镜像神经元？

镜像神经元让每个人不自觉地模仿另一个人的动作（例如打哈欠）。它同时在理解、分析和感知他人情绪中起到作用。因此，当我们感觉对方难过时，我们也会心头一紧并跟着难过。我们每个人都有镜像神经元，但对大脑的科学研究表明，高敏感人群的镜像神经元更多且更活跃。

然而情绪不能被控制，但会被感知！如果你曾经或正在控制你的情绪，请记住，你越想控制自己的情绪，就越难创造和谐稳定的恋爱关系。非高敏人士可能会在恋爱中维持一种假面（一种社会形象，就像人们为迎合他人的期待而戴上的面具），他们会表现出自己是完美伴侣的样子。不用嫉妒他们，这不适用于你的情况，你也不可能这样！你要透过现象看本质……恋爱中有分歧，双方的需求不一致，甚至有时觉得自己“不再爱”对方都很正常，因为爱会随着时间不断演变。

感觉高敏和刺激高敏

拥有感觉高敏和刺激高敏特性的高敏感人群具有非常发达的感官和知觉。感觉高敏涉及一种或多种感官，可能会产生不知从何而来的厌烦和倦怠感。因此，一个人有可能觉得自己得了偏头痛也没什么办法，而他其实是视觉高敏，只要避免在日光灯下长期工作就能舒缓。

同样地，一个触觉高敏即触觉格外发达的人会在接触到一些物质时感到不适，并很难找到令自己感到舒适的服饰。

你觉得你就是这样吗？那就试着去理解你的感觉高敏，探索发现它在日常生活中如何显现以及随着时间和生活经历如何演变。这样做的目的就是了解清楚感觉高敏对你的日常生活和恋爱生活有哪些影响。我常在调解时发现，只要找到解决方法就能避免冲突，但还应注意的是，这里的解决方法不是指解决恋人间矛盾的方法，而是指平复其中一人感觉高敏或刺激高敏的方法。就我个人而言，直到我和我的丈夫变成极简主义者时，我才发现我是视觉高敏者。当我的屋子被彻底清理干净时，我内心深处感到一种前所未有的安宁和平静。我由此明白：一个极简清爽的环境是我内心平和的源泉，而过于繁杂的环境于我而言是真正的污染。环境的杂乱会彻底摧毁我，一天结束时让我产生更多的烦恼和疲惫，更容易造成我们夫妻间的矛盾冲突。

内倾性

对很多高敏感人士来说，他们必定有内倾性，甚至将之视为生命源泉，无论它以何种形式呈现：逃避、秘密花园、安全屋、独处时光……这是高敏感人群的一大特点。但注意，不要把内倾和性格的内向弄混。如果说三分之一的高敏感人群性格内向，那么还有三分之一的人性格外向，以及另三分之一的人介于两者之间。

由于他们刺激高敏，他们更需要回归自身从而降低外部世界、他人和情绪对他们的侵略感。这就避免了所谓的海绵效应。我们知道为了延长海绵的使用期限，不能把它一直泡在水里，高敏感人群也是一样，有时候需要从大池子里抽身，找到单纯的自己。

但不幸的是，这一内倾行为对情侣双方和高敏感人群来说都很复杂，因为对方不一定能理解和尊重这一行为，所以可能会导致两人关系的紧张。

另一个大问题是高敏感人士通常对自己缺乏信心，他认为自己只适合独处，觉得没有人会爱自己。但有一些研究表明，懂得尊重自己的内倾需求并能让别人尊重它的人能降低抑郁风险。

如何和你的内倾需求和平相处?

你很难接受自己的内倾需求？要记住你是爱你自己的第一人选。照顾好有强烈内倾需求的自己就是在爱你自己！找到适合你的活动并将它变成一种健康的生活习惯，例如冥想、瑜伽、跑步、读书、跳舞等。这一回归自我的时刻应该成为你日常生活的一部分，就像吃饭和呼吸一样……尤其要把它向你的伴侣解释清楚。

同时，独处和感到孤独不是一回事。建议你了解一下遗弃创伤，如果你深受其苦的话（尤其可以通过利斯·布尔博的作品了解一下）。

高敏感人群谈恋爱：一种特殊的敏感

如果说我们通常认为高敏感对恋爱生活会产生影响，那么要知道如果情侣双方都是高敏感，将改变他们谈恋爱和看待恋爱关系的方式。我在家庭调解过程中便观察到了这一点。我的观察结果和埃莱娜·阿伦以及萨维里奥·托马塞拉的理论一致：非典型恋人和典型恋人的最大区别在于他们需求、情绪和价值观的强度不同。如果一对非典型恋人不能找到解决他们之间分歧的办法，那都是因为有某种需求没有被倾听。那么，高敏感恋人的特殊需求有哪些呢？如何找到解决方法呢？以下这些是我每天为情侣提供咨询时遵循的思路。

如何表达你的需求？

我在咨询时发现当情侣双方各自用不同的语句表达同一种需求时就容易开始争吵。你和你的伴侣有时会觉得得不到对方的理解？来做一个简单的练习：拿一本词典，找到用来形容你的需求的词，然后重新发现它的定义。你的目标是找到合适的词而不是你之前用过的不够确切、充满主观色彩的词来表达，这样能让你被对方理解。

这个做法可能有点学生气，但实际上非常有意义。重新明确词语的意思能让你们有共同的用语。

融合和链接的需求

这是很重要的一种需求，因为高敏感人群经常会有不安全感，害怕被抛弃。而且亲密的概念对他们来说有不同的含义。因此，只有融合或链接的力量，才能让他们放心地把自己在情感上和性上完全托付出去。这种链接越紧密，他们越感觉自己和另一个人足够亲近。剩下的只有一个问题：找到让两人可以充分享受恋爱的平衡。

然而这并不容易。几年前，我遇到了蒂博和他的伴侣朱利安，他们在一起好几个月了，一直非常恩爱，但他们的恋爱关系正处于崩溃的边缘。朱利安不断地要求蒂博满足自己链接的需求。她需要跟自己的爱人每时每刻都在一起，充分地享受恋爱。而蒂博认为，融合得过于紧密的关系会让他感到窒息。他想要有自己的时间，又不敢告诉自己的伴侣，担心会伤害她。于是，我建议他们做一下词典练习作为调节的开端。我拿出《罗贝尔词典》，让他们看一下“融合”这个词在描述关系时的含义，词典里指出“融合”是“人或物结合或互相渗透而产生的紧密联合”。而“链接”描述的则是连接在一起的事实，连接就是把事物或人连接到一起，使之产生关系。

明晰了词语的准确意思后，朱利安和蒂博便能更清楚地交流他们自己真正的需求，而不会曲解对方的话。慢慢地，他们找到了连接中的平衡度，因为他们此时的沟通也是完美融合的。因此，对非典型人群来说，用词准确往往十分重要。

融合需要、链接需要和情感依赖

和链接需要相关联的另一种需求是对另一个人的依赖。我们时常问自己："作为高敏感人士的我是否一定有情感依赖？"当然不是！情感依赖和敏感毫无关系！情感依赖在心理学上被作为一种心理障碍来研究分析，和敏感完全不同（别忘了敏感不是病）。

●什么是情感依赖？

情感依赖就是忘我地需要得到别人的爱。因此有情感依赖的人往往低自尊，这源自儿时缺乏别人的关爱，让他们会因为害怕被抛弃而轻易接受任何一种关系。他们容易忽略自己，为了不让自己孤身一人，即使被虐待也能接受。他们还容易产生嫉妒心，永远觉得自己得到的爱不够，而问题的症结是自爱。对他们来说，接受治疗从而解放自己很重要，因为情感依赖会严重阻碍他们建立健康而长久的关系。

●给你做个练习

为了区分链接、融合需要和情感依赖，你可以对你们的关系提出以下几个问题。

1. 你是否非常害怕自己一个人而总想找一个人谈恋爱，即使这个人并不适合你？

2. 你是否只有在找到下一个人时才会离开你的伴侣？当然，有时只是因为出现了合适的机会，但如果这种“代替”是仪式化的，那就有可能是情感依赖。

真诚需要

真诚是很难界定的一个概念。在著作《小心玻璃心》中，萨维里奥·托马塞拉说，我们只有在挑选谈话用语和主题的时候才会发现这一需求。更准确地说，这意味着高敏感人群都想用最精确、最恰当、最诚实的方式与人交流，即便是口头交流也是如此。会有人说你回答别人时回答得太慢吗？这是你的真诚需要在“作祟”：你可能会因为没有找到能最贴切的能反映你的想法的词而迟疑甚至恼火，并在你交谈之前、之中和之后反复琢磨自己的遣词造句，而这会让你产生精神内耗……

有时，你可能会觉得自己很重要或者不值一文，你觉得在别人眼里你太这个或者太那个，甚至太粗鲁。而事实上，你比想象的还细腻很多，通常比一般人还要细腻。

如果说你的行为显得非黑即白，那也是你的真诚需要在推动你，让你一旦做出决定就干到底。这种要么不干，要么就干得彻底的习惯，给你带来诸多好处：有了它，你会觉得你对自己是诚实的，符合自己的价值观。

你对真诚的定义是什么？

为进一步思考，你可以拿出你的本子记下这些问题对你的启发：

●在你眼中，真诚是通过语言传达的吗？还是通过姿势、行动？这是一个整体吗？

●你在什么时候觉得自己是真诚的？

●你什么时候觉得对方不真诚？

●你认为哪些做法会破坏你们之间的真诚？

如何定义一段关系中的真诚？对有些人来说，它通过诚实可靠来表现，但这些概念包含了诸多细节，最主要的点对每个人来说都不同。我帮助过的高敏感恋人通常还有另一个思路，那就是脆弱。于他们而言，在一段真诚的关系里他们可以表现自己的脆弱，也能看到对方的脆弱，也正是这份脆弱让两人之间产生默契、信心和爱。

因此，真诚正是互相看到对方本来的样子，毫无矫饰。

思考真诚需要时，常常还要注意一个点：它的矛盾性。的确，非典型人群经常会觉得自己处在一个肤浅的世界当中，没有人在做真正的自己，每个人都戴着社会的面具。但从某些角度来看，这个面具有助于日常生活。它能把我们从他人令人疲倦的目光、评判、比较和权力斗争中保护起来。对一个高敏感人士来说，这是他赖以生存的条件。只是这个面具有时比较沉重，具有压迫性，还会让你无法满足自己对一段真诚的关系的需求。总之，你喜欢你的伴侣真实的样子，而不是装出来的样子。这也是你能在日常生活中收获幸福的关键点，我们会在后面的章节中谈到。

如何找回你的真诚？

请永远记住，如果说社会面具能保护你，它也能囚禁你。为避免这种情况发生，你可以回归你本来的面貌。最简单的办法之一就是重新审视你的自身经历和当时产生的感觉，回溯你的一些价值观和性格特点，并重视你的个人思考。

自由需要

如果理解了高敏感人群天然的内倾性，那么就很好理解自由需要。自由需要可以总结为有时需要独处，需要自由的感觉，即使是两个人在一起也需要这种感觉。通常，当两人组建家庭时这种需要会突然出现，双方会觉得相处模式被打乱，身上的责任和压力发生了变化。结果可想而知：组建家庭就意味着只属于两个人的时间变少，属于自己的时间也变少，而这个现实有时让人难以接受。

当然，无论是不是高敏感，我们每个人都需要自由，但如果我们更强烈、更频繁地感受一切（别人的情绪、社会的期待、我们的自身需求等），我们就得注意不能让自己陷进去。这种对自由的需要在拥有高智力潜能的人身上更为强烈。我们一开始可能会觉得自由需要跟链接或融合需要相矛盾，但其实完全不会。再一次提醒你注意用语，并看看你的恋人如何理解你对自由的态度。

你如何看待自由？

很难用语言来形容对自由的看法？为了帮助你，这里是一些供你一人或你们两人好好思量的思路。

●对你来说自由这个词意味着什么？对有些人来说，当他们独自身处大自然时，他们会感到自由。对另一些人而言，自由是安静的同义词（即使另一半也在同一个房间里）。那么对你来说自由是什么？

●在你的日常生活中自由以怎样的形式出现？

●你觉得自己自由吗？如果是，什么时候会这样觉得？如果不是，为什么？

●你需要多大程度的自由？你怎样量化这种需求？你

和其他人待在一起的时候会觉得自由吗，还是只有自己独处的时候才会感到自由？有一个你完全信任，和他在一起时你能自由做自己的人吗？

我记得曾有两个让我印象深刻的来访者，是一对准备领养孩子的夫妻。领养手续花费了他们大量的时间和精力，当他们成为父母时已经精疲力竭。他们当时还没有意识到这一点，因为他们是那样的幸福，对生活充满感激，以至于忽略了自己的情绪。不幸的是，孩子有一些健康上的问题。夫妻俩不得不接受这种生存状态，竭尽全力地面对现实，直到孩子五岁时，他们来找我咨询两人间的问题。在好几次咨询时间里，他们都在相互指责、算账以及争吵。我觉察到他们之间有一些难言之隐和沉重的包袱，便鼓励他们回顾他们的关系开始的时候。其中一人说他觉得自己失去了自由，生活实在太艰难，然后他离开了咨询室。随后他离开了他们的家，把孩子留给了另一个人。当然，在后来的一段时间里，我也没有再在咨询室里见过他。

几个月后，这对夫妻联系了我。离家出走的那个人解释说他当时感觉被禁锢了，除了离开想不到其他的办法可以重获自由。

他还描述了自己的感受，表达了歉意，也是在这一刻，另一个人才明白自由对他来说事关生存。这个故事最令人感到意外的是，那个离家出走的人最终意识到即使自己离开了家，还是没有办法获得自由，因为强烈的负罪感、压力和心理负担占据了他的心。我们也进一步了解了自由这一首要需求，并逐渐明白自由并不是放弃一切，而是有真正的回归自我的内倾时间。这几年来由于缺少时间和动力，这个男人放弃了自己的娱乐活动，比如音乐。这种情况并不少见，也表明当我们谈论需要时，时间的概念至关重要。别忘了，自由对每个人来说并不完全相同，也会在不同的人生阶段发生变化。

安全感和信心需要

很少有高敏感人士从未被人说过他们情绪过激或者从没觉得高敏感妨碍了自己。你可能已经亲身经历过，经常听到别人说“你想多了”“你不应该陷进去”“你钻牛角尖了”。这些话让你和许多像你一样的高敏感人士迫切地需要安全感和信心。除了这个治疗时常会提及的原因之外，我还观察到这种对安全感的强烈需求还总和高敏感人群的恋爱关系相关联：他们的情绪越强烈，就越寻求更强烈、更猛烈和更激情的恋爱关系。为了能完全放心地展现自己的情绪，他们就需要足够的安全感和信心。

给恋人更多的安全感

为了给恋人带来更多的安全感，请先做一下词典练习，确保你们对安全感的概念有相同的表述，然后研究一下下面的精确化表格。正如这个表格的名字所示，它能帮你精确化你的需要，从而表达你的需要并和你的伴侣一起找到解决方案。请注意：不要局限于一种解决方案，要开拓更多的可能性。原则上你的伴侣对你真诚善意并希望帮助你。如果他不能接受你的解决方案，那一定是中间遇到了阻碍。

你的困境	**困境背后隐藏的需要**	**提出要求**	**解决方案**
这里是你日常生活中的具体案例。	**在心里想一想你的困境对应哪些需要。**	**试着组织语言，把你的需要向伴侣表达出来。**	**考虑通过实践满足你的需要，但也应适时妥协。**
例如："今天早上，你说我应该更坚强一点，这让我感到难受。"	例如："因为面对压力时，我需要信心。"	例如："我希望你能耐心地倾听我，这样我会更有说话的信心。"	例如："下一次你能做到吗？还是说现在对你来说还不是合适的时候？或者你也感到了压力？"

被倾听需要和安心需要

对高敏感人群尤其是高智力潜能人群来说用词很重

要，因为他们的大脑具有超强的解析能力。被倾听需要指的是可以充分表达自己，而不会因为担心被别人评判而不得不掩盖自己的感受，也指有足够的倾诉空间，倾诉的人觉得自己说的话有人倾听并在倾诉过程中感到安心。我们经常会错误地以为安心需要的背后是缺乏自信心。如果说一些非典型人士会因为自己的生活经历而缺乏自信，那么幸运的是，并非所有人都是如此！对于高敏感恋人来说，“安心”意味着他们被别人倾听时能完全地做自己。最后，这两个需要与真诚需要以及平和交流密切相关，重点都在于不去评判、解读对方，而是让双方都能自由表达自己和自己的需求。

什么是倾听？

我们可能认为倾听是一种连孩子都会的、与生俱来的、自然而然的简单动作，但事实上它比我们想的要复杂很多！治疗师和非指导性方法的创始人科莱特·伯特朗斯的研究成果证明了这一点，非指导性方法指的是一种职业操守，治疗师要与来访者保持真诚的沟通*。科莱特·伯特朗斯认为："真正的倾听是一种珍贵的才能。倾听就是特意花时间来专注地、热情地接待另一个人，全然地接受他的一切而没有任何自己的顾虑。"

高敏感人群通常天然地具备倾听能力。

借助于他们的高度同理心、镜像神经元和对细节的敏感，他们通常能在对方还没开口说话时就能感知到对方的情绪，并给对方足够的倾诉空间。因此，不难理解他们会期待别人也跟他们具有相同的能力。问题就在这里，我们习惯于把自己的运行方式转移到别人身上，而忘了自己能轻易做到的事可能对身边的人来说并没有那么容易。

如果你认为你自己就是这种情况，那就花点时间好好地跟你的伴侣说说你在哪些时候，在何种情形下，会觉得自己完全地被倾听了。例如你跟他说："我喜欢你放下手机，我们安静地坐在一起，这样我感觉你真正地在听我说话，让我感到安心。"你也可以在练习本上记下你感到

---

* 治疗师必须完全尊重来访者的特性，无论是他在需要、观点、情绪、创伤，还是信仰上的特性。因此，治疗师不可以给来访者提出任何可能会干扰或偏离他自己的生活轨迹的建议。

失望的瞬间并找到关联因素，从而更好地回应你的需要。比如说你可能注意到晚上不是交流的最佳时间，因为一天的疲惫让你表达的方式变得拙劣。而这影响了你倾听的能力，也就无法满足安心交流的需要。因此如果你要谈论敏感话题，有更强烈的倾听需要和情绪空闲需求，就找一个更合适的时机吧。但注意你的伴侣不一定总能在这个时刻保持情绪空闲。因此想要实现平和交流并不容易。

你的情绪空闲吗？

情绪空闲指的是一种平和的状态，你不会觉得某种情绪过于强烈，无论是伤心或愤怒这样的消极情绪，还是开心这样能让高敏感人群过度兴奋的积极情绪。

当你的情绪处于空闲状态时，你的体态会放松，你会表现得冷静、平和。你百分之百有空来倾听、接纳、理解他人或发生的事情。在这种状态下，你的情绪不太容易受到影响。

为了更形象地表达这个意思，想象你眼前有一个会发光的量表。

● 当你的情绪处于空闲状态时，量表是绿色的。

●假如你今天很累、很沮丧，你的情绪量表就是橙色的。你也就不太有空听取伴侣的意见。

●但如果伴侣坚持找你倾诉，你的情绪量表就会亮红灯。你的情绪空闲度此时为零，争吵就难以避免。

举个例子，你下班接孩子放学后回家，孩子的作业还没做，你也还要做饭。这时你的老公回来了。他很烦躁，想跟你倾诉不愉快的事。这时你要告诉他现在不是倾诉的好时候。你的量表已经亮橙色灯了，你的情绪现在没空接收他的情绪，也没法好好地倾听他。你建议他等晚上孩子上床睡觉了再说，那时你会为他预留一段时间。到时候量表的灯会变成绿色，你也就可以更好地听他倾诉了。

被接受需要和被爱需要

这是所有人类都有的一种需要，无论是不是非典型人士。从出生开始人类就需要被人照顾，需要大家把他当个体看待，也需要有人爱。对高敏感人群来说，这种需要更加强烈。原因是他们的镜像神经元和脑岛更加活跃，让他们能更强烈地感知别人的爱，想要取悦别人和感觉被爱的需求也更加强烈。由于高敏感人群试着去爱所有人，并能发现每个人身上的闪光点，他们就期待别人也会同样地对待他们，但事实不一定总是如此。

小贴士

变色龙综合征

变色龙综合征指适应甚至过度适应其他人和外部世界，于是非典型人群表现出一个虚假的自己，也就是他们为了心安理得而给别人传达的理想化形象。如果说非典型人群常会有变色龙综合征，那么高智力潜能人群则是深谙“变色技术”的大家。他们会利用自己强大的智力来判断应该披上哪件外衣掩盖自己，把自己隐入人群，从而被其他人接受。

和许多高敏感人士一样，你可能不知道为什么别人不喜欢你，甚至有时这会严重困扰你。但你要知道你的运行方式是非典型的，也许大家并不是不喜欢你，而是没有以你希望的那种方式喜欢你。为了帮你减缓这种让人非常不舒服的感觉，你要记住你没有必要喜欢所有人，这也不会让你变成一个糟糕的人。

认识到这一点后，你会更容易接受不是所有人都会爱你这一事实。

其实，我把被接受和被爱需要放在最后是有原因的：如果说这两种需要没有被完全满足，那么通常是因为之前提到的需要没有被满足，所以要先探讨前面的其他需要。这也是为什么我想以一个测试，结束关于需要的这个部分。这个测试的目的，是让你更清晰地明了你的优先需要。

测试：你的优先需要是什么？

开始回答本问卷前，你可以先回顾一下前面关于需要的几页内容。如果你正在恋爱，那么你和你的恋人一起来做这个测试将会十分有趣，注意分开作答，不要相互影响，最后再分享结果。注意可以多选。

你认为在恋爱生活中什么最重要？

1. 一起做所有的事情，总之就是尽可能地一起度过最多的时光。

2. 对另一半百分之百忠诚。

3. 可以保留自己的独立性、娱乐和朋友，等等。

4. 首先要能信任你。

5. 良好的沟通。

6. 喜欢对方真实的样子。

你认为你之前的恋爱经历为什么会失败？

1. 双方没有共同点。

2. 在对方面前没法做真实的自己。

3. 感觉被恋爱关系束缚住了。

4. 猜忌太多。

5. 经常吵架。

6. 说白了就是对彼此的爱不够！

哪个座右铭最能表明你的态度？

1. 坚持到底！

2. 光明磊落！

3. 自由！

4. 我相信生活！

5. 我有两只耳朵、一张嘴，是为了多听少说。

6. 尽管彼此不同，但仍能相亲相爱。

如果你的理想伴侣是身体的一个部位，那会是？

1. 双臂，为了互相拥抱。

2. 双眼，为了反映内心。

3. 双腿，为了去探险。

4. 双手，为了在需要时伸出援手。

5. 嘴巴，为了对我说温柔的话。

6. 心脏，为了相爱。

你最喜欢伴侣身上的哪一点？

1. 提出一起做情侣间常做的事。

2. 完全对你吐露心扉，即使是最阴暗的部分。

3. 永远不查问你和谁在一起，做了什么。

4. 他内心的平静和对生活的信心让你感到安心。

5. 无论何时何地都耐心地听你倾诉。

6. 你也说不清，就是喜欢他的一切。

计算一下你的分数

1	2	3	4	5	6

如果你选的1最多：你的优先需要是连接或融合。

如果你选的2最多：你的优先需要是真诚。

如果你选的3最多：你的优先需要是自由。

如果你选的4最多：你的优先需要是安全感和信心。

如果你选的5最多：你的优先需要是被倾听和安心。

如果你选的6最多：你的优先需要是被接受和被爱。

假如你还有其他的非典型症

这里的“非典型症”人群是指那些大脑运作方式与标准不同的人，高敏感人群就是其中一类。一个高敏感人士同时有其他非典型症的情况并不少见，但也不一定都是如此。关键在于理解他们的独特之处，因为它们会装点你的敏感。你的目的是尽可能地了解你和你的伴侣的非典型症。

小贴士

我们什么时候会提到非典型症？

通常当我们说到非典型人群，实际上说的是神经性非典型人群。这个术语最初被科学界用来指出自闭症患者（神经性非典型人群）和普通人群（神经性典型人群）之间大脑功能的差异。随着神经科学的进步，我们现在发现许多没有自闭症的人，其大脑运作方式也与常人不同。可以说有一千零一种方式成为神经性非典型人群。

谁是神经性非典型人群？

从自闭症到多动症，再到注意缺陷多动障碍，我们通常认为的各种障碍都属于非典型症，都是这个世界上别样的存在方式。我们来概览一下：

自闭症

自闭症谱系障碍是一种神经发育障碍，主要影响当事人社会层面的沟通（难以表达自己的情绪，从而影响和他人的互动）。自闭症人群的兴趣爱好通常在数量上和类型上极为有限。自闭症的谱系非常广，既能描述有社交和沟通困难且主动性很弱的人，也涵盖自闭特征不明显的人。

情侣间的自闭症

与有自闭症谱系障碍的恋人共同生活的质量取决于其自闭症的特征。这很难判断，因为自闭症的特征可能显现不出来（尤其是有阿斯伯格症候群的女性）。

最痛苦的情况是难以与另一半相处（就好像他住在另一个星系中），他的感觉高敏时常发生。有自闭症的人也会在从事一项花费他大量精力的活动后，封闭自己几天给自己充电。很难给出具体的例子，因为每个人的自闭症特征和自闭程度都不相同，所以无须过于关注“自闭症”一词，关键在于理解每个人的特定需求。

你现在能更好地理解，为什么非典型恋人（无论是一人还是两人都是非典型人士）会用不同于其他人的方式恋爱了吧，因为他们与世界和与另一半的关系就是和别人不同。

天赋异禀

天才、奇才、高智商、哲学认知、早熟……这些词都用来描述同一种特性：高智力潜能。说一个人拥有高智力潜能并不意味着他比别人更聪明，而是他的思维方式与别人不同：思维速度很快且逻辑思维更广阔。这一特点源于大脑中高水平的髓磷脂，它有利于神经元的连接。更通俗地说，我们认为在韦氏儿童智力测验或韦氏成人智力测验中超过130分就属于天赋异禀，虽然这项测试遭到了科学家们的质疑。现今有2%~5%百分之二到百分之五的人属于高智力潜能人群。

情侣间的天赋异禀

考虑情侣间高智力潜能的情况非常重要，尤其当只有一人天赋异禀时。因为这种非典型症会造成诸多误会，尤其是在语言层面上。

克莱芒丝的话

有时候，我们就因为几句话而争吵。我觉得自己太在意他说过的事，有时候甚至是几个星期或几个月前的事。但对我来说，他的话太重要了，我没法不去想。我也怪自己，但就是很难理解为什么有人说话会不过脑子，说出来的话既不是自己的真实想法，也不是自己所做的事。我每次遣词造句都很谨慎，没有意识到这是因为我天赋异禀，和别人不一样。认识到这一点后我感到安心，也对我的伴侣更加宽容。

我在咨询中非常注意这一点，就像我会跟高智力潜能者说："别忘了，当你说英语时，英语并不是你的伴侣的母语，他和你对英语的理解并非完全相同。"天赋异禀的人往往苛求自己达到既定的目标和想要的结果（不要同完美主义混淆，因为完美主义者永远觉得事情不够完美），但有时他们会无意间把对自己的苛求放到了伴侣身上。

这可能会带来严重的后果，两人中不是天赋异禀的那一个会感到崩溃，甚至丧失自信；对于天赋异禀的那个人来说也一样，他会因伴侣觉得自己冷漠、高傲、自大而痛苦不堪。当然，实际并非如此，只是因为双方无法理解彼此的思维系统。因此，懂得如何装扮自己的非典型症对发展情侣间的信任来说至关重要。

言语障碍

“言语障碍”一词正逐渐被“语言发育障碍”和“长期学习障碍”取代。导致学习困难的相关认知障碍在人群中占比5%~7%，包括与阅读缺陷相关的学习障碍（读写障碍），与书面表达缺陷相关的学习障碍（书写障碍），以及与计算缺陷相关的学习障碍（计算障碍）。

这些学习障碍通常与口语障碍（口语表达困难症）和包括书写障碍等某些表现形式的发展协调障碍（动作协调障碍）有关，也与注意缺陷相关，无论是否伴有多动障碍。

人们通常认为言语障碍是一种疾患，因为有言语障碍的人只能学会简单的读写，其实这只是他们的大脑和普通人的运作不同，而“不同”并不意味着更好或更差。我们只创造和习惯了一种学习标准，当不符合这种标准时，一切都显得异常。但你知道很多天赋异禀的人都有言语障碍吗？而且他们同时还有联觉*的情况也并不少见。

情侣间的言语障碍

言语障碍对情侣生活的影响是不可避免的。比如在谈话中，有言语障碍的一方表达思想时有更多的困难，这很正常，因为思想很难被快速表达出来。有言语障碍的人通常需要更多的时间来分析事物、组织语言，从而才能向伴侣表达得更清楚。

如果其中还掺杂了情绪，就会变得更加复杂，因为非典型人群回答问题时容易有压迫感，所以语言表达上受阻，恋爱关系就变得紧张。

---

* 联觉和感觉认知障碍有关。换言之，人们可以通过一次刺激将其两种或多种感官联系起来。例如，看到一个字母就会想到一种颜色，看到一个数字就会想到一个音符等。

夏尔的话

她很擅长用语言表达自己的想法。但我却在她简单地问一句“你呢，你怎么想”时，觉得自己很愚蠢。这么简单的问题，都成了我的压力来源。我再也不能忍受这个问题，虽然我也不知道为什么。直到有一次，我陪着有阅读障碍的儿子去看语言治疗师，才找到我的问题。治疗师说孩子需要比普通人更多的时间才能厘清思路，再把思路转化成语言。而我在成长过程中，却从未意识到我也同样需要这个时间。当我做了一项神经精神医学检查后，才发现我跟我儿子很像，简直一模一样，但这对我来说也是极大的安慰。

注意力缺陷伴有或不伴有多动障碍

不只儿童，成人也会有注意力缺陷（是的，一个有注意缺陷多动障碍的儿童，会成长为一个有注意缺陷多动障碍的成人）。无论是否与言语障碍相关，此类神经发育障碍表现的症状，往往与注意力缺陷和多动症有关。但多动症并不能作为诊断依据，不能直接说有多动症就有注意力缺陷，因为存在不伴有多动症的注意力缺陷，也存在不伴有注意力障碍的多动症。我们通常认为注意缺陷多动障碍与冲动倾向有关，但并非总是如此。

然而，注意缺陷多动障碍可能会由于注意力高度不集中或冲动行为导致身心障碍，必定对日常生活造成影响（比如强烈的情绪反应、健忘、分心等），无论你是儿童还是成人。

情侣间的注意缺陷多动障碍

有注意缺陷多动障碍的人往往更容易分神，让人感觉他不愿听别人说话，不在乎别人说什么，甚至完全不在一个频道上。这样很容易因为一些小事堆积在一起而造成真正意义上的关系紧张。

阿兹丽斯的话

我感觉他从不听我说话：他总是同时做很多事，却从不专心做一件事。连我们亲热的时候都这样，跟一个心不在焉的人亲热真扫兴。我们最后去看了一位两性专家，因为我觉得自己没有被渴望，没有被倾听。而且，我每次找他要点家里的什么东西，叫两三次都没拿给我，我有时觉得他是在耍我，但实际上是因为他有注意缺陷多动障碍。我知道他一直有这个问题，但我觉得我和他都没有意识到这会对日常生活造成多大的影响……

典型人群、非典型人群：我们真的需要把他们分门别类或者给他们贴标签吗？

相对而言，所有不属于非典型人群的人都是神经性典型人群。

所以，这个名词不是一种侮辱或是一个标签，只是对大脑运作方式的描述！神经性典型人群的大脑运作方式符合某种标准，或者说至少与大多数人相同。人群不存在最好的类型。

我绝不是想把人分门别类、相互比较，把他们装进不同的盒子里，而是我发现在你的日常生活和恋爱生活中，接受神经性典型人群和神经性非典型人群之间的差异极为重要，因为否认它就是否认你们两个人之间的差异。这种差异是有用的，因为它并不少见，我们当中有30%以上的人都是神经性非典型人群（包括所有非典型症）。

这个比例高得令人吃惊，但同时反映出我们对神经性非典型症缺乏了解。为什么会这样？首先要考虑一个重要因素：只有遇到困难的人才会想着去寻找答案。大多数人并不知道他们是非典型人士，因为他们毫无知道的必要。此外，我们不能忽视社会规范的强大影响，它总是基于每个人本就不同的观点来否认那些特性。你肯定已经听到过甚至表达过这个观点！当然不是所有人都相同，这不妨碍我们说出一些人与人之间的不同点，比如年龄、发色和肤色等。因此，阐释神经性非典型症就是要考虑到每个个体的特性，从而减轻他们的负担，让他们最终能够说出自己的烦恼。

找出甚至揭示出你的非典型症，这是极为重要的。为此，如果你觉得有需要可以咨询一位此领域的专业人士，并做一些规范的测试。如果觉得没有必要，那么你也可以阅读一些书籍，或者同其他神经性非典型人群进行交流，来让你不再感到孤独和不被理解。我还想说的是，不存在最好的做法或回应方式，我们每个人都不同，首先要满足对你来说最重要的需求。

应该记住的内容

◇存在多种神经性非典型症：高敏感、天赋异禀、注意缺陷多动障碍、言语障碍、自闭症谱系障碍等，甚至可能还有一些我们尚未发现的非典型症。不能说一种非典型症比另一种好，两个有同一种非典型症的人也完全不同。研究表明，最常见的非典型症是高敏感，在人群中占比20%~30%。

◇高敏感的特征是同时具有情绪高敏、感觉高敏和特殊的需要（如安心需要等）。这是一种神经性非典型症，因为有这一特性的人群的认知功能不同于标准人群。

◇我们发现对高敏感人群来说，情侣间存在某些特别强烈且迫切的需要，比如融合需要、链接需要、真诚需要、自由需要、信心需要、安全感需要、被倾听需要、安心需要、被接受需要和被爱需要。

第二章

亲密关系的基础

高敏感人群有时需要时间来做决定和采取行动！

——伊莱恩·阿隆，《高敏感：更好地理解自己从而接纳自己》

我们很难想象高敏感会把一切转化为爱，而恋爱生活的每个阶段都会有不同的问题。约会带有非典型色彩（情绪高敏、感觉高敏），恋爱最初的阶段也会遇到比其他情侣更多的问题……我们只需意识到是什么在约会和关系开始时起作用，抱有与真实的你相符的期待和价值观，并在准备共同生活时摒弃那些阻碍你成为自己的执念！这是一整套方案。

高敏感恋人：从吸引到相识，再到初次心动

我们有时会有这样的印象，觉得情侣必须是一个自成一体的整体。事实上，情侣是随着时间推移一步步形成的，彼此为了适应对方不断做出调整。恋人安妮和巴特勒的心理治疗师甚至提出这样的假设：恋爱有心理重组功

能，也就是说它会为双方重建一种新的心理秩序，使他们的自我得以重组。换言之，随着我们恋爱经验不断丰富，我们对世界的建构和看法也会发生改变。你可能无意识中有过这样的体验：开始与新的伴侣展开一段关系时，你对自己有了更多的信心（或不幸地失去了自信），并随之改变了你的行为和人际关系……同理，如果你是孩子的父亲或母亲，你一定也能感受到同样的影响力。如果有孩子，这两种关系（亲子关系和恋人关系）相互作用，会对家庭生活产生或积极或消极的影响。无论你是高敏感人士、神经性非典型人士还是标准人士，你的恋爱都远非一次化学反应、一次相互吸引或是一见钟情。事实上，我们从来不会随便选择自己的伴侣。

吸引力是偶然的吗？并非如此！

事实上，我们的教育、文化、际遇和经历造就了我们，成为我们生命中的一个个里程碑。我们的家族史所形成的心理谱系也会影响我们成为怎样的人和追求怎样的爱情。正如心理学家米歇尔·布罗穆-卡穆所说：“通常，我们承受的痛苦并不属于我们，而是我们的家族史在无意识中遗留给我们的，是它让我们承受了这份重量。”

康斯坦丝的话

显然，他跟我一样敏感。只消看一眼，我就知道我们能相互理解。我们两个都比较害羞，喜欢宅在家里，在的朋友圈中属于边缘人物。相遇的那天，我们都没敢走向对方，但最后证明也没必要这么刻意。我们相视而笑，一切就是这么简单。我们都来自不擅长表达的家庭，羞于表达自己的情绪。我们俩都是高敏感的人。我们克服了这一点，让我们的敏感成为彼此的力量，一起摆脱曾经的痛苦。我们互相吸引，并很快相互了解，从此再也没有分开。

由过去主导的选择

如果你的父母中有一方或者双方都很慈祥，能倾听你的需要，那么你就会在你的人生伴侣身上寻找同样的品质。毕竟，父母让你在儿时得以茁壮成长。反过来，你对伴侣的选择也会在无意识中受到你过去负面遭遇的影响。如果你被忧郁甚至抑郁的父母抚养长大，你可能会在无意识中寻找一个具有相似抑郁特征的人生伴侣（焦虑、紧张、情绪逃避……）。可能会让你感到惊讶的是，你可以在“拯救”伴侣的过程中，满足自我修复的需要，这是你之前没能对父母做的事。不过那个时候你又能做什么呢？你还只是个孩子！相反，你也可能会走向过去的对立面，极力避免有这些特征的伴侣，甚至你都没有意识到这一点。那么你的伴侣会怎样呢？面对他的困境，他也会经历同样的过程，无意识地想要选择一位有抑郁倾向的父母的伴侣。总之，你们会像磁铁一样互相吸引、相互弥补。

你们之间的吸引力能带来幸福的关系吗？

怎样知道你喜欢的人适不适合你？你可能已经问了自己一千遍这个问题，这很正常，因为不仅每个人都会面临这个问题，你的非典型特征更会推动你去（过度）分析这个问题。但这个问题仍然没有答案，特别是你必须跳出自己的心理建构和精神创伤才能看得清楚，而这个过程需要花费大量的时间和精力。与此同时，要了解你是否在迎接一段健康、幸福的关系，你可以相信自己的感觉，并问自己几个问题。

●当你与那个人相处时，你的身体会说什么？

这个问题乍一看似乎很难回答。的确，非典型人群在受到环境过度刺激时，有时会试图脱离自己的身体。在这里可以采取反向思维，把你的身体感觉和感觉高敏变成你的幸福晴雨表。你和那个人在一起时感到紧张还是放松？有没有蚁走感*？你的呼吸是平静的还是急促的？总之，你是否感受良好？

● **当你和那个人相处后，你感觉精疲力竭还是精神焕发？充满活力还是充满困惑？**

如果一段关系不能让你感到快乐，甚至是有害的，会耗费你很多精力。

为了提炼你的思维，请你想象一个精力测量表（就像你之前测量自己的情绪空闲度那样）。你在和那个人相遇之前是怎样的？之后又是怎样的？相遇后比相遇前的精力水平更低了吗？还是你还没怎么跟这个人接触就感到筋疲力尽？认识到这些很重要。但也不要仓促下结论，虽然这是第二个指标，但即使在一段幸福快乐的关系中，测量表这一栏也可能是空的，因为对很多非典型人士来说，无论

---

* 蚁走感：指在皮肤上有蚂蚁在爬的痒的感觉。

哪种社交关系都十分耗费精力。

●**你和那个人在一起时没法做自己？感觉在演戏？觉得必须取悦对方？必须为自己辩解？不断地解释你的选择？**

如果你有这些感觉，而在前两个问题里你的感觉都是负面的，那你就得当心了。在一段健康和快乐的关系中，即便这段关系刚开始，我们也会感到被倾听，并理所应当地做自己，没有取悦对方的压力，也不怕对方会失望。

相遇：一个敏感和感觉的故事

教育、文化、心理谱系等，恋爱的基础是多方面的。而作为非典型恋人，在你们的关系中有一个不可忽视的特征：敏感！

敏感在相遇时的影响

你适应你的敏感吗？

这个问题的答案可能对你来说显而易见，但对许多高敏感人士来说并非如此，原因如下：非典型人群往往会在他们的（放大的）感受和他们的自我建构方式（有时感到羞耻或否认敏感）之间游走。为了弄清楚你以何种方式和敏感共处，不妨再拿出你的笔记本，记录下读到这些问题时浮现在你脑海中的想法……

- 当别人谈论你的敏感时，你是否常常觉得冒犯？当别人谈到这个话题时，是什么困扰了你？
- 你是否难以承认你的敏感？在你看来，它代表着什么？
- 你在表达困扰或情绪时是否会觉得不自在？在这些时候，你有什么特别的感受？
- 你因知道自己是高敏感而感到高兴吗？你觉得高敏感是一项优势吗？如果是，为什么？
- 你能自如地谈论这个话题吗？
- 你会被同样是高敏感的人吸引吗？同其他敏感的人建立关系会让你感到自在吗？

更准确地说，是你的敏感程度、意识和接受度影响着你对伴侣的选择，这仍是一种无意识的逻辑。

- **如果你适应了你的高敏感，**你可能会找一个接受它并且爱你的伴侣。但注意，这并不意味着两个高敏感人士在一起会更幸福，的确也不是因为你们两人都高敏感，所以才相似，才有相同的价值观和恋爱观。在我的咨询中，我经常看到一些心碎的人，就因为他们在过去的关系中抱有“他和我一样敏感，所以这次一定能合得来”的希望。但没什么能保证一定合得来，能接受你的敏感最好，但也不用不惜一切代价地去找一个跟你一样敏感的伴侣。

● **如果你不适应你的高敏感，**你会在无意识中寻找一个没有这种特征的伴侣。如果你不认同自己的敏感，或认为自己是一个脆弱的、非常容易受伤的人，也会有同样的倾向。在以上两个情况中，你可能会对自己说：“幸运的是，我们两个人没有都像我一样！”这种想法可能对你来说没什么，却是一个需要警惕的信号。如果你贬低自己的高敏感，标榜另一半的低敏感（他似乎没那么敏感），情侣间的不平衡就会一直存在。事实上，你这样想是从一个人（也就是你）过于敏感的前提出发，并认为敏感是一个问题。**然而，并非如此，敏感不是一种**

脆弱！你必须打破这个成见。要相信这一点，因为如果连你都不相信，你的伴侣极可能会有同样的想法，迟早会因此责备你。

克拉丽丝的话

每天晚上，我的丈夫都会因为我闹情绪而责备我。他嘲笑我在电影院里哭，不停地说我看电视新闻都控制不住眼泪，并因此说我很脆弱。我开始相信这一点……后来，我们的女儿得了癌症。他崩溃了，我全力把家支撑了三年。他陷入抑郁，不再工作，我继续打理一切。我们很幸运，现在女儿身体好转，我们的情况也好了很多。我的爱人开始接受心理咨询，当他的心理咨询师提到他可能才是我们当中高敏感的那一个时，他很震惊。他没有怀疑这一点，我也没有。因为一直以来我都同敏感相伴而行，所以在我需要坚强的时候它也没有影响到我。

和一个不接受自己敏感的人生活会打破夫妻间的平衡。有意思的是，正如我们在克拉丽丝的例子中所看到的那样，看起来不怎么敏感的伴侣实际上反而是更敏感的那个，于他而言，他也不会随便选择自己的伴侣。如果你在过去的一段或几段关系中已经遇到过这样的情况，你也许会问自己，对方想在你的敏感中寻找什么呢？毕竟，表露出来的敏感不会吸引所有人，甚至会吓退不止一个人！所以，对一些完全不认同自身敏感的人来说，同其他高敏感人士相处完全是一种折磨。想象一下，如果你否认自己的出身、文化、历史，却要和有相同出身、文化、历史的人在一起和谐生活，你一定会痛苦不堪，并不惜一切代价想要逃离。敏感也是如此：我们都有这种天赋，但并非每个人都能同它和谐相处。选择一个高敏感的伴侣可以让你发现你隐藏已久的那部分自己。请记住，无意识总想让我们过得好，引领我们走向成长、发展和进步。最终是无意识所做出的智慧选择帮助我们同敏感一起，充分享受生活。

感觉高敏对相遇的影响

如果敏感会影响伴侣选择和恋爱关系的早期阶段，那么高敏感人群的其他特征——感觉高敏，也会对这段新关系产生影响。日常生活中，我们有时难以忍受感觉被放大，它可能会造成矛盾心理。具体来说：

- **嗅觉高敏**的情况。嗅觉高敏的人会因为一个人身上的气味而迷恋（或厌恶）他，更不用说他家里的或者私人物品的气味会影响我们对他的好感，因为我们的嗅觉是如此灵敏。

- **味觉高敏**不总是味觉的问题。它会让我们关注接吻的方式、嘴唇和皮肤的柔软度等。显然，这种高敏会在亲密关系中产生渴望或是厌恶。
- 外表总在性吸引中发挥或多或少的作用，无论我们是典型人群还是非典型人群，外表都会影响我们是否想和另一个人谈恋爱。但要知道的是，高敏感人群非常注意细节，特别是**视觉高敏**的情况。穿衣方式、色彩搭配是否协调、衣服上有没有污渍或动物毛发，这些也会影响一个人对另一个人的吸引力。这可能看起来肤浅，但许多高敏感人士坦言他们非常在意自己觉得“美”的事物。
- **听觉高敏**的人有非常好的听力，甚至可以被一个声音、一个音调所触动……单凭一个音色就能吸引他们或让他们排斥。
- 对**动觉高敏**的人来说，触感在亲密关系中至关重要，甚至从相遇那刻开始便如此。所以，许多高敏感人士说他们被当时的感觉所触动，比如：“当我第一次见他时，我浑身颤抖、小鹿乱撞”，“……我差点昏倒”，“……我喘不过气来”，等等。对我们这些不注意身体信号的人来说可能有点奇怪，但高敏感人群本来就更容易注意到自身的感觉。

西尔维的话

他身上的气味很好闻。这听起来可能没什么，但他身上的气味是第一个吸引我的地方。当我在他身旁时，我感觉非常好。这是一种令人安心的气味，同时又非常令人兴奋。这不是淡香水或除臭剂的味道，而是他的皮肤、他的存在的味道……二十年后，他还有同样的气味，并且一直吸引着我。

埃米莉的话

因为我高敏感，肢体接触有时对我来说很困难。如果他在我没做好准备的情况下把手放到我的身上，我会感觉像被灼伤了一样，然后这种感觉会在那个地方持续二十到三十秒。他很难接受，因为他觉得被拒绝了。我对声音、气味、温度的变化也会有同样的反应。例如，电影院对我来说就很难受：因为音量太大，我从放映的一开始就会觉得头疼、耳朵疼。结果就是，我的伴侣会因为不能与我做一些日常的事情而感到沮丧。

那么我的结论是什么？我们经常说相遇的魔力，相遇是恋爱生活中极为重要的一个时刻，而我的经验告诉我，吸引力不是偶然的……另外，虽然我们总想知道为什么我们会被同一类人吸引（特别是在从前的关系没能走到最后的情况下），但最重要的其实是初次心动后发生的事，这是一对情侣能否行稳致远的关键。

恋爱初阶段：当高敏感对新恋情产生影响

这也许很明显，但除了影响我们互相选择的各种因素，恋爱关系的建立以及能否经得住时间的考验，还要看两人是否有在一起的动机。

一个关于动机和依恋的故事

当然，要继续在一起需要双方的投入，更建立在良好的依恋关系和安全的关系的基础之上。为了解这些关系如何参与我们的心理建构，必须先了解一下英国心理学家约翰·鲍尔比的理论成果。

小贴士

依恋理论

英国心理学家和精神分析学家约翰·鲍尔比在1950年代提出了依恋理论。当时，他研究与家庭分离的孩子的行为和发育，并强调孩子与依恋对象（照料孩子的那个人）的关系对建立自信至关重要。事实上，通过回应孩子的需要，主要依恋对象（通常是妈妈）和其他次要对象（爸爸、近亲）可以让孩子同他身边的人建立安全的关系，感到被爱、遇到困难时被支持、信任他人……得益于这些安全的关系，孩子可以在环境中自信地成长，变得更加自主。照料者对他充满善意的行为对他的成长极为重要。

另一方面，孩子可以在依恋关系中成长：

● 回避型依恋。如果依恋对象对孩子的需要很少回应或不回应，这会使孩子产生压力，特别不愿再表达自身的需要，因为他得不到回应。

●焦虑对抗型依恋。当需要和回应不一致时，也就是父母有时回应孩子的需要，有时不回应，这会让孩子感觉没有被完全倾听，没有安全感（这会让孩子长大后有很强的被抛弃的恐惧）。

●混乱型依恋。当依恋对象经常有忽视甚至虐待的行为，就很难说是依恋了。

我调解恋人关系时，总是问他们两个问题：你之前和父母的关系怎么样？现在和他们的关系又如何？这两个问题经常让他们感到困惑，但却是最根源的问题，因为它肯定会对恋爱生活产生影响，而不仅是在选择伴侣的时候。如果你是非典型人群，这个影响会更大。成为一个高敏感的成年人之前，你曾是一个高敏感的儿童，比其他典型儿童感知到了更多的东西。当然，那时你还不具备成年人的分析和理解能力，但你会更强烈地消化你父母的情绪，感受到你和他们的依恋关系。

依恋关系对你的亲密关系会产生哪些影响？

依恋关系对非典型人群恋爱生活的影响是很多研究的主题。结论是三种类型的恋人（详见下文）会在相遇后接着往下走并走到最后，条件是他们得适应对方依恋关系的特征。好消息是不一定非得有安全感，恋爱关系才能走得下去。事实上，如果我们用心，一个焦虑的伴侣也可以变得有安全感，因为大脑在生命的整个过程中都能发生变化（这就是大脑的可塑性）。因此，没什么是一成不变的，你们的恋爱关系也可以不断演变，尤其当你们是下文所说的后两种类型时。再具体一点，如果你们现在相遇了，根据你们的依恋关系，你们的恋爱期望是什么？

● **你们两人都有安全感**。在此情况下，你俩都会在困境中对对方充满信心，也会有很强的沟通能力和解决冲突的能力，会互相信任地分享情绪。你们会觉得自己的非典型特征被理解和尊重，无论它们有多么不同。在任何困难面前，你们都会互相讨论并互相帮助。结果就是如果你们相爱，无论路上有多少坎坷，你们都会携手走过。

- **你们当中一人没有安全感**。在这种情况下，你们的关系对你来说不会总那么简单，但这段关系依然会长久。你有时可能会有这种感觉，你爱他比他爱你更多，或者相反，因为你总在寻找爱的证据，以满足你对安全感的需要。但无论如何，你都知道不能一个人独自面对困难。请记住，你们当中更焦虑的那个人肯定会更需要一些依恋的证明，尤其当他是高敏感时。另一方多做一些看得见的努力就显得尤为重要，同时要让他感到非常安心，以抵消他对承诺的恐惧（与他对被抛弃的恐惧有关）。同样，你需要毫不犹豫地把你的非典型特征变成一种力量：你天生具有倾听的能力和同理心，所以也要尝试去发现另一半需要什么。正因为他填满了你的情绪空箱，你才能填满他的。
- **你觉得你们两个都没有安全感**。不要惊慌！这样的组合也可以稳定，因为你们有时只是情绪表达不顺畅。你应该还记得开篇的测试：有些人无法和他们的敏感和情绪和谐共处，但这没什么问题。如果你俩是这种情况，你们对恋爱生活的经营（甚至是对性生活的经营）将成为你们恋爱关系的基础。我们在天赋异禀的人中经常发现这种类型的情侣，对他们来说表达情绪是有困难的，因为他们完全只顾着发展智力。请注意，务必要确保这种经营对你们两个人都适用。要知道像你一样没有安全感的人有很多，这绝不是恋爱生活的障碍。另一方面，如果你对此没有信心并觉得无能为力，我建议你通过心理咨询寻求帮助。事实上，只有心理咨询师的陪伴可以让你更深入地处理你和依恋对象之间的关系。

爱情：非典型人群不同的期待

对一些人来说，一段关系中最复杂的阶段是初识（很难是互相吸引），对另一些人来说，更多的是在确立关系的阶段会产生问题。这很正常，谁能知道如何从相遇走到相恋，并且持续多年？这些问题一定很普遍，但非典型人群和高敏感人群会更仔细地揣摩，在脑海中回想谈话中的每一个句子。结果就是这种思来想去会产生焦虑（或至少是担忧），而且会导致他们恋爱的步调和神经性典型人群不一致。

当爱和时差感同时出现

通常，非典型人群会有时差感：他们全身心地投入恋爱关系中，只想着对方并展望未来，但事实上，他们的伴侣才刚刚开始找到点感觉。这也可以解释，为什么当两人都是非典型人士时，他们在第一次相遇后很快就会一起生活。作为高敏感人士，你的首要任务是找准自己在这段新关系里的定位。

你用尽全力去爱，但你的伴侣也是如此吗？

说到这儿，我很清楚地记得之前找我咨询的一对恋人埃米莉和阿瑟。当时他们正处于暧昧阶段。这是他们之间非常微妙的一个阶段，并持续了很长时间。咨询一开始花了一些时间，但他们慢慢地打开了话匣。埃米莉最终承认，她觉得自第二次约会以来就对他们的关系有一种时差感：她觉得他们之间已经有了承诺，但她感觉阿瑟还在试试看的阶段。她在这次约会中得知，她的伴侣在此阶段还在和别人调情。她当时没敢说，但这对她来说意味不一样，她受到了伤害。他们相遇时，她对他一见钟情，她认为这足以让阿瑟停止戏谑并专注于他们的新关系。而阿瑟却是另一种逻辑。他也在第一次约会中对对方一见钟情，但依然去跟别人约会并且没有取消的打算，因为他一直相信这句格言：我们永远不知道未来会发生什么。他提醒埃米莉自己已经诚实地把一切告诉她。七年来，这种误会和分歧一直被藏在心底，直到调解时才说出来。当然，她并没有因此记恨他，但这个咨询案例解释了恋爱中每个人的不同经营和对恋爱关系的不同期待。

对我来说，阿瑟和埃米莉的案例绝非个例。重要的是，在一段关系刚开始就问清楚自己真实的期待，对某些人来说，这种思考太费脑筋，而对高敏感人群来说，他们只是讲述已经发生的事。但究竟该怎么做呢？

如何评价你对恋爱的期待

这里有一个小测试，你在恋爱关系的不同阶段都可以做：刚开始的时候、初次心动的时候或稍晚一些、恋爱生活中的不同时候，这会让你知道你的期待。知道什么对你来说最重要、为什么有些事你不会放弃。通过和你的伴侣分享这个重要的方法，你们会互相理解并共同找到解决方案。

要了解你对伴侣的期待，首先要了解你对生活的总体期待。为此，最好先了解你自己的价值观。这些是你自我身份的脊梁，表明了你是什么样的人，并指导你为个人生活和恋爱生活做决定。

在下面这份清单中选取三到五个词

为此，我建议你首先找出那些你常说的词、那些最打动你的价值观。你的直觉，也就是盎格鲁-撒克逊人所说的第六感（直译是“肠胃的感觉”）可能很强烈，那就毫不犹豫地相信它。价值观清单：富足、接受、亲和力、适应力、深情、利他主义、野心、有趣、归属感、学习、热情、冒险、福乐、美丽、仁慈、笃定、变化、慈善、纯洁、严密、社群、同情、能力、理解、专注、信心、一致、舒适、知识、良心、控制、严肃、友善、合作、勇气、礼貌、创造力、信誉、好奇心、超越自我、职责、虔敬、自尊、自律、谨慎、从容、温柔、活力、经济、教养、效率、鼓励、耐力、精力、热情、平衡、道德、精确、卓越、顾家、忠诚、灵活、信义、力量、坦率、慷慨、善良、感恩、体面、谦逊、诚实、幽默、公正、独立、个性、正直、聪明、激烈、亲密、正义、自由、自制、自然、服从、乐观、独创、豁达、耐心、完美、坚毅、博爱、虔诚、守时、敬业、审慎、现实、反思、责任、富裕、严谨、牺牲、智慧、敏感、性感、真诚、团结、自觉、传统、真理、胜利、生命力。

请注意，有些价值观可能在你看来是相同的意思，但别忘了它们的含义取决于我们对每个词的理解。你也可以寻求词典的帮助。

一旦选择了这些价值观，就可以把它们同你的生活联系起来

你会意识到什么对你来说是重要的，以及由此产生的需要。例如，如果选择了上述价值观中的自由，你可能能更好地理解为什么你如此需要自主处理事务，或时常想要独处。

一旦确定了你的价值观和需要，就把它们同你在恋爱生活中的需要联系起来

你选择了自由作为你的价值观，并和你想要独处的需要联系起来了？那你肯定需要一个给你自由并且不会责备你的伴侣，之后也需要一种能让你满足这个价值观的生活方式。

清楚地用需要表达你的价值观，用请求表达你的需要

花必要的时间和你的伴侣厘清这些事（不总是那么容易），和他明确地沟通你想如何满足你的需要。再以自由为例，你的需要可能是："我感到需要独处，一个人散步或在一周中有一些自己的时间，比如每周四晚上的两小时和周日上午的两小时。"

倾听你自己

如果和你的价值观相关联的需要得不到满足，你可能得不到长久的快乐。这很严重：不倾听你的需要会导致对你自己或他人的暴力、过劳等。如果你已经经历过这种痛苦的情形，特别是在工作方面，那你应该很容易知道它们的联系。假设你从事一份你认为没有意义的工作，但你强烈的价值观推动你去发挥作用或团结集体，这可能会让你感到不满，甚至抑郁。尝试在你过去（或现在）的恋爱关系中找出这种联系吧。

因为你本来的样子而被爱

即使这个测试第一眼看上去不能吸引你，也请不要忽略它，它能帮你作为独立的个体在恋爱关系中找到自己的定位。这一步至关重要，因为你的高度共情一定会推动你去取悦对方，这可能会让你忘掉自己，甚至为了伴侣的需要牺牲自己。问题是这种情况不仅会让你在恋爱关系里无法得到幸福，还会阻碍你的恋爱关系长期健康地发展。（附加的）风险是怨恨对方，感觉你为伴侣做的事和你期待他为你做的事之间没有达到平衡。于是一些本来心照不宣的事可能脱口而出，产生敌对的氛围，影响你们之间的信任和融洽。

从你自己、你的价值观和你的需要出发，也让你有机会找到完全适合你的那个人。特别是对高敏感的你来说尤为重要，你可能会问自己：“我会找到一个爱我本来样子的人吗？”“我本来的样子可爱吗？”

萨比娜的话

我的第一任丈夫符合人们对伴侣的所有期待，他是完美女婿，表现非常好，像我父母说的“他条件很好”。他面面俱到、专心细致、倾听他人。我所有的朋友都不能理解为什么我会提出离婚，我的父母以为我疯了。但我没有心动的感觉，我觉得自己在不属于我的婚姻里被禁锢住了。归根到底，我不爱他。我宁愿给他机会让他去找一个和他在一起会真正幸福的人，而我找回我的自由。自那以后，我像我母亲说的那样彻底放飞，这更适合我，我也因此更能做自己。

这种担忧不可小觑，它关系到我们看待自己的方式和别人看待我们的方式。作为非典型人士，你可能曾经觉得自己不“合乎规范”，觉得自己太敏感、太脆弱、太热情、太有活力……你可能很小的时候就有这种感觉，甚至是无意识的，就像许多其他有你这种特征的孩子一样。你曾想让你周围的人、你的父母、你的老师为你感到骄傲，你曾试图满足他们的期待，以符合你应该成为的样子。如果你在那时得到了表扬和赞美，你一定相信这就是别人对你的期待。如果相反，你收到了负面的评价或遭受了暴力（谩骂、羞辱……），你会觉得必须得改变自己的行为。

但问题是，对非典型人群来说，没人可以限制并改变你的行为。这些行为并非你恶意为之，而是你的大脑就是这么工作的。因此，想去改变一个非典型人士恰恰是对他的歧视。比如说，因为缺乏对这一领域的了解，很多成年人将他们的孩子的态度解读为缺少尊重或缺乏动力，他们觉得为了孩子好就必须要教育孩子，甚至这很可能就是你父母的情况。

长期处于这种情况，受到的影响经常是灾难性的。你可能感觉真实的自己从未被接受或被爱……那又怎么相信别人会想跟你本来的样子一起生活，接受你的独特性和完整性？

通常，高敏感人群会经历一个漫长的过程来解构和建构他们对自己和别人的印象，你可能就是如此，如果你曾有这样的思考“不，我不比别人更脆弱，我只是高敏感”，“即使我不是一个优秀的学生，不喜欢数学，我也可以是一个天赋异禀的人”，“我不是极端，我只是充满热爱”，等等。人们对神经性非典型经常会产生许多错误的认知，但不要忘记，如果你感到非常痛苦，只有治疗才能让你重建自尊，从而在恋爱关系中完全打开自己。

不同的恋爱方式

我们多多少少对恋爱都有同一种理想愿景：两个人，无论性别，（最好）长期生活在一起，幸福美满，充满爱。然而，这种“经典的”恋爱方式并不适合所有人，尤其是非典型人群。当我们从更高的角度看这个问题，结论就很明显：地球上有数十亿人，我们不可能对恋爱有一模一样的需要或愿景，但我们却往往想要走进这副枷锁。为什么会这样呢？

和所有人一样两个人生活：从众压力

所有恋人都面临这个问题，尤其是非典型恋人和高敏感恋人。原因在于他们的情绪高敏让他们有更强的情绪感知能力，同时也会让他们更快地依恋别人，投入一段关系中。当神经性典型人群花时间评估这段“爱情”是否适应他们的需要和欲望时，非典型人群则更容易开启一段不适合他们的关系。因此，对他们来说，从一开始就选择适合自己的爱情道路很重要，这可以让他们避免产生失望。这也许不能防止将来的事故，但至少能确保他们在正确的道路上。

埃米莉的话

我们已经住在一起很长时间了，但我再也不能忍受了。我对声音、气味极度敏感，我生双胞胎的时候，这种感觉更为强烈。一切对我来说都糟糕极了！我承担起了带孩子的责任，这也让我对他更不耐烦。我无法再忍受这一切：他咀嚼的声音、他鞋子的气味、他晚上的走动声……这对我来说实在太难忍受，以至于我对他产生了极度的厌恶。这一时期，我还没有意识到我痛苦的根源是我的感觉高敏。我们决定自此停止内耗：我们知道，如果坚持不适合自己的生活方式，我们就会分开，而这不是我们想要的。所以，我们把我们的大房子一分为二，在白天工作、晚上睡眠和其他日常生活中都各住一边，在发生亲密关系和与儿子们共度家庭生活时回到一起。我们不再强制另一半出现。虽然做出这个决定不容易，但它拯救了我们，我们比以往任何时候都更加相爱。奇怪的是，最困难的不是这个变化，而是我们周围的人不理解这个选择。这是最难承受的。我们已经这样两年了，但我们的亲戚朋友依然总问这能持续多长时间。

埃米莉的话很有意思，因为它说明我们总想寻求正统的夫妻关系，即便我们是非典型人群。她意识到了自己的高敏感，并跳出了不适合的夫妻模式，她充当了例外。事实上，即使非典型人群不适合传统的夫妻模式，他们通常还是会迎合社会规范，这从他们小时候就开始了。你可能之前也有这样的感受，在一段关系中不自在，感觉有地方出了问题，即使你做了很多努力寻求幸福，但幸福就是没有到来。那么我们这种迎合的需要是从哪里来的，尤其当我们还是高敏感或非典型人群时？

当从众主义让我们变成变色龙

研究这个问题的专家认为，有些规范定义了社会的价值观，每个人都要遵守，否则就会受到法律或社会的制裁。精神分析学家和心理学家勒内·克斯这样解释：一个不遵照社会期待的行为方式行事的人会很快被审判和抛弃。这就是为什么有些非典型人士从儿时开始就有脱节的感觉：他们觉得自己没有做出应有的反应。他们带着这种不愉快的感受长大，觉得自己来自另一个星球。

西格蒙德·弗洛伊德说："社会总在个人生活中发挥模范和目标作用，扮演朋友或敌人的角色。"我们不能假装社会对我们的思考和行为方式没有任何影响。我们会受到一种规范化和从众主义的影响，并往往是无意识的。著名的精神分析学家、医生和人类学家古斯塔夫·勒庞提出了“集体心理”，说明了集体会对个人产生多大的影响：“这种集体心理使人们在人群中的感情、思想和行为与他们独处时的感情、思想和行为颇为不同。有些观念和感受只会当个体汇成群体时才会出现，并转化为行动。”

因此，我们当中的每个人，无论是个体的还是集体的，典型的还是非典型的，都有天生的模仿需要，只是在行为上表现不同。这种模仿的倾向让我们一旦融入集体就会觉得自己更加强大、不可战胜，仿佛只要我们符合规定就会得到同伴的支持。它还能稀释部分个人的责任，这些责任有时会特别沉重，就像我们在上一章里看到的那样。总之，觉得自己不符合规范的想法会伤害我们的自尊，并导致我们担心不会有人爱真实的自己。

这种从众主义特别吸引高敏感的人，他们总感觉被边缘化，和世界有点脱节，并且这种感觉从很小的时候就开始了。他非常强烈地想要适应规范，变成“变色龙”，从而不用再忍受成为另类的感觉……但这只是一个圈套，并要付出高昂的代价，因为堵住自己的情绪和理想会让他们过度适应，有不再知道真实的自己的风险。如果你因为害怕产生冲突或让对方不高兴，已经养成了不断迎合对话者的习惯，即使是无足轻重的对话，那么，你也将会忘记自己的价值观和信念。你肯定已经有过这种当变色龙的难受经历。这就是为什么经常看到（特别是）高敏感人群在一生中有多个失衡的阶段：他们质疑一切，并不再能履行自己的职责。

你有多从众？

要测评你迎合社会枷锁的程度，请拿出你的笔记本，并诚实回答以下几个问题。

- 如果在另一种社会文化环境中，你认为你的人生选择会大不相同吗？
- 如果你出生在别的地方或生活在不同条件下，你会选择另一份工作，另一种家庭模式，甚至另一个伴侣吗？
- 如果按照你的价值观做选择，而不是因为它们是对的，你会做出怎样的决定？

尤其注意不要评判你自己！这里的目的只是看你会如何逃避一些选择。

为什么我们总想迎合规范？

不管我们是不是非典型人群，我们的从众需要主要来源于两大因素：

- **首先是父母的期待**。和父母一起生活的日子里，他们无意中对我们传递的期待，包括无意中传递的内在信仰。如果你有一些根深蒂固的观念，比如“我家里的所有人都会以离婚收场”或者“所有我这种类型的女人都会和粗暴的男人纠缠不清”，那么要当心佐证这些观念的家庭模式，因为你很可能迎合了这些信仰（即便这一定不是你所希望的）。
- **其次是学校**。我们的教育系统有很多优点，但因为有对学生的分类和评分、严格的教学课程，以及一个为学习服务的教学法，学生们往往被要求服从，并因此从众……根据临床心理学家贝尔纳·佩什贝蒂的说法，教育对非典型儿童有严重影响，甚至让他们产生某些智力障碍（例如，认为他们的兴趣发育过早，从而限制他们只能学习阅读）。作为非典型儿童，你可能曾感到迎合老师或父母的期待的压力。你不能追随自己对某些事物的热情和天生的好奇心，而必须无差异地遵循为所有人设计的既定流程。

陪伴我们多年的从众倾向毫无疑问会对我们的恋爱方式造成影响，特别是对非典型人群。当我们是高敏感人群时，有两个方面肯定会对我们处理关系的方式产生影响，那就是性别观念和我们的情绪。

性别：一种影响我们恋爱方式的社会构建

西尔维的话

我希望他能成为一个真正的男人。我知道这样说可能很难听，但我需要觉得自己是被保护的。我不知道为什么，我总觉得一个男人要保护他的家庭，尽管我很爱我的丈夫，但我觉得他在压力面前太容易崩溃。只要我们的孩子一生病，他就紧张，想去急诊室。我希望他能保持冷静，让我只用像一个母亲、一个女人那样去操心。

只要深入研读西尔维的话就会明白，性别观念已经被社会习俗曲解，失去了它本来的意义。尽管摆脱性别观念的问题正前所未有地成为年轻人关注的焦点，但对我们大多数人来说，成见已经根深蒂固，很难对这个问题进行反思。非典型人群也不例外：即使他们天生的好奇心和同理心让他们对这些问题有更开放的精神，但他们组成的情侣也经常在这一问题的立场上遇到困难。一方面，部分非典型人群觉察到社会中性别划分的不当，并往往成为卡珊德拉症候群（请见下文）的受害者；另一方面，部分非典型人群倾向于融入、迎合规范以被接受。这样的男性和女性都有。不幸的是，这种情况不可避免地会对我们的恋爱关系和恋爱方式产生影响，导致情侣间的不合和冲突。

小贴士

卡珊德拉症候群是什么？

卡珊德拉症候群主要源自卡珊德拉的神话，指那些非典型人群（也可能不是）不被倾听、精疲力竭地解释某些事情的感觉。由于具有强大的推理能力、逻辑推导能力或第六感，非典型人群通常有长远的眼光，并能思考多个因素以推理出一个行为的结果。不幸的是，他们的分析往往被忽视，就像希腊神话中的卡珊德拉，虽然有先知的天赋，但没有人相信她。他们会感到被疏远，失去自信，同时与社会产生距离感。

性别歧视的后果和恋爱的偏见

性别歧视是一个真正的问题，因为如果它们成为我们根深蒂固的观念，就会伤害我们，并最终影响到我们的恋爱关系。但其实，受这种成见影响最深的人并不是被他们的伴侣灌输了成见，而是他们对性别本身有一些偏见，最终损害了他们之间的关系。在这个问题上，我本人就是一个例子。当我搬去跟我的丈夫同住时，我很快就自然而然地承担了所有家务，直到有一天我意识到自己做的远超过了我应该做的那部分。最令人惊讶的是，当我跟他说起这件事时，他天真地告诉我，他以为我喜欢做家务。他从来都没问过这个问题。这对他来说理所应当。然后我让他站在我的角度思考：如果他是一个女人，他就一定会喜欢做家务吗？他真的认为在女性的第二个X染色体里有喜欢做家务的基因吗？从那天起，他明白了许多事情……

只要对性别的成见以及由此产生的性别歧视一直存

在，这种情况就会再次发生。如果不解除这种成见，我们就无法接受个体的独立性和非典型特征。作为一个非典型人士，如果你从小就被社会反复教育男孩子不能像女孩子一样哭，那么如何能接受你的敏感呢？

小贴士

非典型也有性别的差异？

从更高一点的角度来看，我们会发现无论是自闭症、天赋异禀还是高敏感，这些非典型症都是从单一性别来研究的。例如，女性自闭症和女性天赋异禀就鲜为人知。对于心理分析学家莫妮克·德·克马德克来说，这种认知的缺失很容易解释：受父系制度的影响，心理测试的对象完全局限于男性，仅将男性作为参考模型。相反，敏感更多被认为是一种“女性”特征，这种认知在很大程度上排除了男性，然而这种非典型特征无论是对男性、女性，还是对顺性别、非二元性别、流动性别、性别酷儿*等都是一样的。换句话说，非典型特征与性别特征没有任何关联，完全是大脑结构的问题。

这些性别的枷锁最终会产生十分有害的影响。如此，我们不仅斩断了男孩的天性，还贬低了女孩，以至于今天我们可以接受一个“女汉子”，却认为娘娘腔是可耻的。其结果就是男性倾向于抑制自己的敏感，导致抑郁或成瘾行为（游戏、酒精等），因为他们不接受自己这个重要的部分：高敏感。他们浪费了太多的精力去憎恨自己，甚至对此毫不知情。女性则隐藏自己的聪明才智，想要泯然众人，而不是掀起风浪。最终，男性和女性都没能回应自己真正的需要，他们只是试图按照自己成长的文化，去成为他们认为自己应该成为的样子。非典型人群的强烈天性有时会将他们在这个方向上越推越远，甚至会让他们陷入

* 顺性别：性别认同符合出生时的生理性别。非二元性别：超越传统意义上对男性或女性的二元划分，不单纯属于男性或女性的自我性别认同。流动性别：性别认同在男性和女性两种规范性别之间流动。性别酷儿：性别认同不符合任何一种规范性别，甚至性别特征也不符合。

不适合自己的成见（例如大男子主义的男人和百依百顺的女人）。这就是前面提过的，常发生在高敏感人群身上的“非黑即白”。出于真诚需要，当这种非黑即白与他们的价值观相符时可以变得积极正面，但同样可以具有破坏性、伤害性，就像性别歧视的例子一样，双方都热衷于禁锢在不适合自己的角色里，直到遍体鳞伤。在一些调解中，我经常可以看到一些非典型情侣在共同生活多年后发现，他们为了成为完美的范例而被禁锢在生活习惯、沟通模式和角色扮演之中。

这就是为什么在我看来非典型人群（也可能不是）需要打破性别神话，停止表演什么是情侣应该做的和不该做的。事实上，不假思索地去迎合性别规范，无论是男性或女性，比让你对一本从未看过的书发表意见还要无趣。抛开趣味不谈，这些表演似乎还很危险，因为它会助长父系制度的发展，导致我们无法在恋爱关系中完全绽放，无论我们是不是非典型恋人。但停止这种表演应该从哪儿开始呢？

如何破除你对性别的成见？

经常花时间和你的伴侣沟通，以了解你们各自根深蒂固的成见。只有摆在台面上，你们才能解决问题。以下是几个提问的思路：

- 你对另一种性别的印象是什么？
- 你认为存在一些和你的性别相关的责任吗？
- 是否一些事情应该男人做，另一些事情应该女人做？
- 你儿时的榜样是谁（比如你的父母）？
- 如果你换了一个性别，你会用不同的方式做事吗？

或者换一种思路。你身边的电影、电视剧、书籍和杂志充满了对性别的成见，可能在你和父母、朋友的交谈中也是如此（例如，在谈到带孩子时，大部分人认为这是妈妈的工作）。你们的目标是一起去识别这些成见并远离它们。这是摆脱性别成见的绝佳练习。如果在分析和解构之后，你依然在这些成见中感觉良好，那也挺好。你们的目标不是不顾一切地去评判，而是确保这适合你们这对情侣。

当从众主义影响到我们的情绪

同样，你知道你的情绪在多大程度上是社会、文化、教育建构的结果吗？这是至关重要的一点，需要去解构，因为我们口中的恋爱（非典型或不是）也可以说是对对方的情绪、感觉和依恋。不过，如果我们不能完全按照自己的感受生活，又如何获得幸福呢？

荒谬的情绪规范

西尔万的话

我觉得自己甚至不敢在内心深处问自己和她过得幸不幸福。她是一个美丽的女人（各项条件很好：高挑、长发……），她很温柔，我们有共同的愿望。我曾经觉得这些就是最重要的。但随着我对自己了解得越多，我就越无法确定自己的感受，这让我感到害怕。倘若我发现自己不再爱她，这会令我非常痛苦。我对她有依赖，但当她说我不是真的爱她时，我也认为她说得有些道理。可能我没有问自己正确的问题，我只是简单地像所有人一样，和一个温柔美丽的女人结婚、生孩子。

西尔万的例子很有说服力：我们从众的倾向也会影响到我们的情绪。如果你觉得情绪高敏给你造成了痛苦，认识到这一点就很重要。事实上，我们成长在一个建立了情绪规范的社会，我们认为这些规范对所有人以同样的方式适用。因此，我们有时会觉得好哭是软弱的表现，但这很荒谬，这些规范完全不合理，因为它们没有考虑到每个人的敏感度。问题所在不是你的情绪，而是社会规范带来的压力。像许多高敏感人士一样，你可能害怕别人的注视，害怕别人因为你情绪激动而指责你，尤其是在恋爱生活中。这很正常（毕竟，你的情绪体验不同于他人），也很常见，尤其对于自闭症谱系障碍人群，他们的情绪更不服从社会规范（他们可能难以理解和分析别人的面部表情和情绪，他们的行为和反应看起来可能也会不合适）。再提醒一次，情绪问题不来源于你自己，而来源于社会，它强制我们根据预设场景产生跟别人一样的情绪。

小贴士

情绪的社会功能

心理学家利利亚纳·毛里认为，情绪只是一项社会功能。它帮助我们融入自己，和他人互动，因此更多是集体的而不是主观的，“我们有时哭泣是为了对某些敏感的表达表示在意，并表明自己体验了所有的情绪”，是为了跟大家有一样的感受。因此，哭泣、微笑和大笑都是一种天然的和天生的语言形式，但会受到从众压力的制约（面对悲惨的情境应该哭泣等），在别人的注视下产生某些忧虑（如果我不哭会怎样呢？）。

另一方面，请记住这种情绪从众即便不是“你的错”，也会对你的恋爱关系产生重大影响（因为我们在恋爱关系中“互相传染”得太快）：如果你自己从众，你也会推动你的另一半这样做，你们想成为埃皮纳勒版画里的完美情侣……但这并不真正适合你们。相反，如果你坚持做自己，你也给了对方摘下面具的机会。如果你自己都没有展现真实的情绪，就很难要求对方真实。

如何摆脱情绪从众？

这没有灵丹妙药：摆脱情绪从众，做真正的自己是一个长期的过程，需要很多的耐心，要求我们自省，并在有需要的时候寻求支持。

- **自省**可以让你发现情绪从众真正影响你的地方在哪里。作为非典型人士，你有一个优势，因为你的自省能力，也就是质疑自己的能力很强（这解释了为什么你有时感觉自己比实际年龄大，或和同龄人有心理年龄差）。当然，你像其他人一样服从同样的指令，但你更容易觉察和意识到它们；你有点发现自己生活在一个矩阵中。你可以用这个能力走进你的内心，发现你真实的感受，连接你的身体和情绪，毫不矫情地感受你的情绪。你想大笑却担心发出太大的噪音？那就在你感到舒适的地方开怀大笑。你觉得眼泪止不住往上涌，却担心被批评？那就找一个地方释放这股情绪，不管别人觉得合不合理，等等。
- **请心理咨询师**帮助你解构情绪可能也是一个好办

法。他会帮助你提出正确的问题，并在这个从来就不容易的过程中支持你。事实上，我们违背内心去限制自己，只感受应该感受的事物，而忽略了我们有时隐藏在内心深处要喷薄而出的情绪。不要忘记，身体会说话，因为是身体先传递情绪，然后心理才能感受到。身心疗法、冥想放松和眼动脱敏再处理疗法会对你大有裨益。

你想改变？这很好！现在，不要忘记你们在恋爱关系中是两个人，每个人都有自己的时间节点。无论你俩是不是非典型人士，解构的速度或对象不同都很正常。有时也要接受另一半不想跟你一起走这条解构之路的事实，因为这会让他非常痛苦，甚至具有破坏性。他可能会向后退一大步，原因在于当我们像这样迷失方向时，（紧紧）抓住充当参考的人和物更让人安心，这就是从众。你的伴侣可能会更讨厌你，责备你的变化，甚至比之前更加强硬。请给他时间，要知道所有的恋人都会经历一些困难时刻。这非常正常，因为我们总在变化。两个持续变化的个体肯定会组成一对持续变化的情侣，况且这是一件好事。

保持独特：一件艰难的事

这项内省和解构的工作和看上去的一样艰难，它将帮你摆脱性别和情绪的枷锁，找到保持个性和从众的中间地带。为此，还要知道如何完全保留自己的非典型特征，而不会觉得被迫从众。这也不简单，因为追求个性本身就会冲撞一些社会价值观，例如自主和幸福。

规范第一条：强调自主但又依赖别人

首先，要知道个性就是独特的。从基因和心理的角度来看，我们每个人都是独特的，但是如今的社会要求每个个体以另一种方式发展个性：从我们小时候开始，社会就强调自由，或者说自主，但我们又总在从众的枷锁之下，这并不适合非典型人群，所以是非常矛盾和复杂的："他们跟我说要做自己，不然就会觉得我是一个虚假、冷血的人，但同时他们又让我遵守规范！"

精神分析学家弗朗索瓦·迪帕克指出，这种自主性已成为我们社会的引擎，甚至超越了生物学和生理学的需求。我们过度赞扬自主的个体，无论是在私人生活、家庭领域还是工作环境中。肯定自己的自由和价值观似乎对每个人都很重要。有一些有说服力的例子吗？对我们来说，看到孩子们早点离家是一件好事，而让小孩在父母的房间里睡上几个星期是不被认可的，因为根据某些（荒谬的）信仰，这会让孩子形成依赖或变得任性。所以，我们强调彼此间的独立性，却依赖别人的眼光来评判自己的行为……多好笑！多讽刺！对于非典型恋人来说同样如此，总会有一个矛盾：他们像相遇之前一样做自己，但又为了取悦对方做出努力和妥协。

小贴士

为什么别人的眼光如此重要？

精神科医生和精神分析学家雅克·拉康认为，孩子一出生就对自己的形象着迷。首先，他在别人的眼中将自己的存在看成别人。随后，他在可以照镜子的阶段注视到自己的移动，逐渐意识到他自己就是反射的主体。接下来，他等待一个新阶段：他开始展现自己，这也是他在别人面前身份认同的开始。因此，和自己的关系不可避免地与和别人的关系相关。拉康曾说：“欲望，不是对别人有欲望，而是欲望别人的欲望。”

我们的社会往往强调把独立作为成功的一种形式，但这同样可能是有害的，因为那些没有能力独立自主的人，无论这种状态是否只是暂时的，都会感觉自己没有价值。非典型人群对这个问题非常敏感：他们能感受到没有说出口的话，读出字里行间的意思，因此更能感受到人们给他们施加的压力，让他们遵照规范行事，即使他们梦想着完全活出自己的个性。在我帮助过的人里，不少人除了承受这种压力，还感到不被理解，并且因痛苦而感到羞耻。这是双重的刑罚啊！在我看来，记住这一点非常重要：我们所有人都会有一天觉得自己无法达到别人对我们期待的高度。你是不是觉得自己从来没有达到过这种高度？你是不是常常认为问题来源于你自身？要知道，所有人一定都会遇到这种情况，所以怨恨你的非典型性并不合理，这不是你的问题。

规范第二条：所有人都应该幸福

你可能在看杂志、逛书店或浏览一些网站时注意到，我们正在服从“要幸福”这一规定，还有一些为了（最终）实现幸福的提示、技巧和好的计划。很简单，幸福似乎成了一项义务，在某种程度上成了一种新规范。其结果就是那些痛苦的人或没有展现幸福的人会被人反感，甚至猜疑。

作为非典型人士，你可能也感受到了这些。你甚至可能在心里认为，如果你不幸福，那是你自己的问题。总之，如果你与众不同，如果你培养自己的个性，是因为你不想遵守规范。但你怎能做到呢？你的真诚需要和对意义的追求往往会让你远离这条阻碍个人发展的道路，从而走向真正的自己。你的身体里有一个超级英雄，想要按照自己的理想拯救世界，但在这个看似很肤浅的社会里得不到回应。面对这样的现实，该怎样做出反应呢？我们往往会被禁锢在虚假的自己当中，或因为害怕永无止境的痛苦而做变色龙。

第二种选择是寻找另一条路，即使这条路并不轻松，即使总是百感交集。总之，要解构我们所有学过的东西、所有的信仰，以做出真正适合自己的选择，有时是边缘性的选择，比如素食主义、非学校教育、丁克、极简主义、自我满足等。然而当我们是非典型人群时，最困难的是不停地面对来自外部的攻击，不断为我们走的这条如此特别的路辩解，因为我们害怕失去别人的爱。

为什么我们如此在意别人的眼光，以至于这种依赖性迫使我们去相信一些不适合自己的人生选择？或许是因为，他人会丰满我们的自我，他人的眼光会减轻我们的自恋缺陷，当我们对自己不满意时宽慰我们。精神分析学家说，尤其在情侣之间存在一种互相依赖：如果没有另一半，我们将很难爱自己，因为另一半能反映出自己的形象。换句话说，我们等待另一半爱自己，就像他们会给我们爱自己的许可证，这产生了对另一半的一种依赖。所以，一切都可能与这种最基本的自恋需要有关，需要被爱、被注视，同时符合社会的价值观。这条信息非常重要，它能够帮你了解你们情侣关系的建构，并根据你的生理和情感需要重新思考这一建构。不幸的是，你无法完全忽视你的自恋带来的依赖。因此，在考虑到你的非典型性和个性的基础上组建一对不一样的情侣，并不一定意味着可以终结所有的社会压力。这些压力会一直存在，甚至对填补你的情绪仓库来说是必需的。重要的是你给自己重新思考生活的自由，牢记你的生活总会受到你的文化、社会、教育根源以及人际关系的影响。

摆脱枷锁：一个附加的考验

破除性别成见，远离情绪从众，发展你的个性，不管那些要幸福和要自主的社会规范……当我们是非典型人士时，谈恋爱往往是一场真正的战斗。值得注意的是，这个过程中，我们并非总是毫发无伤……

当摒弃虚假的自己太难做到时

社会学家阿兰·埃伦贝格认为，这条指向幸福的路需要“回归自我，从真实的自我出发，同时符合表演的要求”，但最好的结果也是让人筋疲力尽。他认为，“病态的责任感”产生的抑郁会在这种情况下出现，因为人会觉得无法履行个人的计划和责任，对始终要试着成为自己感到厌倦，总有一种做得还不够的感觉……那时，人们才认识到一个事实：绝对的自由只是一个幻影。

这就是非典型人群抑郁症的中心思想，不幸的是，那些做咨询的专业人士对此研究甚少。然而，一旦度过这个摒弃虚假的自己的痛苦阶段，高敏感人群经常会发现，在没有任何压力的情况下，他们很难知道自己是谁。这种认识甚至会推动他们中的一部分人走回头路，再一次成为变色龙。

问题是走回头路是有代价的：他们进一步了解了真正的自己，但还不知道如何运用这些新的知识。这可能会造成对自我的贬低，甚至抑郁，因此他们会想："这有什么好处？"非典型人群比任何人都需要更多的精力去找到自己，探寻他们内心深处的价值观和信仰，以对抗别人不理解的眼光……这股他们需要的力量，他们不一定具备，或者已经失去了。

在这种情况下，做不同寻常的情侣会很困难：如何才能没有被逼到墙角的感觉呢？如果你到了这个阶段（走过了一段令人难以置信的历程），你的非典型性可能对你来说沉重不堪。在内心深处，你可能觉得需要重新思考你们的恋爱关系，却不知道如何去做。不幸的是，这经常发生，生命中没有比这更令人不愉快和不舒服的时期了，我们觉得行不通，我们想象自己应该有的模样，但不知道如何改变、何时改变。如果你身处这个阶段，要记住只有时间是你的盟友：没有灵丹妙药，解构需要时间，就像在建造一座新的大楼之前，首先要清理掉被爆破的大楼一样。

在摆脱别人的眼光、确认自己的独特性、寻求自主的过程中，你可能会面临巨大的困难：孤立、拒绝和不被理解，他们来自神经性典型人群，也可能来自和你不在同一个解构阶段的非典型人群，所以也可以是你的生活伴侣。这可能会不幸地对你的恋爱生活造成伤害。事实上，恋爱关系的变化受情侣中每个人的变化影响，显然它会持续演变，不断进行新的调整。有些人因此认为相爱一生是不可能的，甚至忠诚和一夫一妻制的概念都是荒谬的。这不是我的观点。单从一个方面，就把个案的情况看作普遍现象，这还是一种从众。我们希望只存在一种行事方式，同时又能保留自己的个性，但事实上这需要我们问清楚自己对恋爱关系的期待和需要：抛去我们的忧虑和限制，我们对另一半的期待是什么？我们在这段关系里真正的需要又是什么？

给你们的恋爱关系按下重置键，不会对你们造成伤害

总之，你们要尽可能地破除对恋爱关系的成见，才能找到适合你们的恋爱方式，并对你们的价值观、需要和期待做出回应。为做到这一点，你可以毫不犹豫地质疑前文中阐述的所有枷锁，并重新思考独特性的含义。的确，如果在你的恋爱关系里做自己很重要，也不必不惜一切代价地去追求这一点，一味地挑战“要幸福”的社会规范。有时，我们会在个人发展中因为对生活没有激情和具体的目标而感到内疚，因为这两样东西可能会让我们成为独特和幸福的人。但请退一步想想：你没有任何的义务去脱离一种规范。待在规范里一小会儿可能会非常舒适。所以，即使谈恋爱经常需要按重置键，也要慢慢来。

一些重新思考恋爱的思路

当然，我不会告诉你在恋爱关系中扮演什么角色或性别，我不希望用任何方式影响你，让你仅仅只有一种思考。但是，我认为你们互相问对方以下这些问题非常重

要，你们需要坦诚地交流，找出可能影响你们长远幸福的潜在问题。

- 我是否感觉因为我的性别而被迫在情侣之间或家庭之中承担一些任务或扮演一些角色？为什么？
- 我是否期待我的伴侣因为他的性别而在情侣之间或家庭之中承担一些任务？为什么？
- 我是否认为我们可以改变现状？如果可以，为什么？
- 我对恋爱关系的理想愿景是否源于儿时的模范？
- 我对初恋有哪些回忆？过去了这么久，我是否还有创伤？
- 我是否因为害怕被我的伴侣评判而不敢质疑一切？
- 我是否因为害怕我的伴侣不接受我的新思想或欲望而不敢破除一些成见？
- 比起不幸福的恋爱关系，我是否更害怕一个人？
- 我是否需要拥有别人的爱才能爱自己？
- 我爱我的伴侣是因为他真实的样子，还是因为爱和被爱的需要（也就是他表现出来的样子）？

这些问题经常会带来一些改变，特别是对非典型恋人而言。这可能就是你和你的伴侣的情况，这很正常：像众多非典型人士一样，你一定有重新思考事情的自然欲望，并想以自己的方式消化它们。尽管重置会很困难，但它将帮你从负重前行中解放出来，你在进行这些思考之前可能都不会意识到它的益处。你会发现：你的恋爱生活、家庭生活和性生活从此以后都将发生非常积极的变化，冲突和分歧会越来越少。

需要记住的内容

◇情侣不是自然形成的。它是两个个体的建构与调整，无论他们属不属于神经性非典型人群。此外，每个人都有自己的建构：有多少种方式做个体，就有多少种方式做情侣。你不必将自己嵌入传统情侣的模具。

◇为了遇到那个爱你真正的样子和你的敏感的人，自在地和自己以及和自己的敏感相处非常重要，要知道自己在恋爱生活中的期待和需要。同时了解你的价值观也很重要，因为只有和你的价值观一致，你才能在生活和恋爱关系中找到幸福。

◇我们恋爱的方式受到我们的教育、文化和生活方式的影响，同时还受到我们对性别和情绪的成见的影响。想要在恋爱关系中获得幸福，打破这些执念非常重要。你的目标是摆脱不适合非典型人群的枷锁，以组建一个真实的、没有伪装的家庭！

第三章

在差异中享受亲密关系

喜欢和你在一起时……我的样子。

——雅克·萨洛梅，《爱和它的路径》

对于恋爱中的情侣来说没什么神奇秘方……但有一些佐料却能给日常生活带来特别的风味，让生活变得更祥和与喜悦。配方就是流畅的沟通、经得起考验的默契和和谐的性生活。也许这些要素对所有情侣来说都是必要的，但它们对非典型情侣而言尤为重要。你们的需求和你们的生活经历跟神经性典型情侣不同，因此为你们自己调配这些（符合你们口味的）佐料十分重要。

顺畅的沟通

恋爱生活永不会是一条平静的长河。源头的溪水（默契、融洽、温存……）第二天就可能发生变化。这很正常，因为我们每天都在改变，我们的恋爱关系也在变化。因此，为了巩固我们的恋爱关系，为了让我们一起发生改变，首先就要知道如何沟通，尤其当我们是高敏感恋人时。的确，语言对非典型人群而言至关重要，许多人尤为关注这一点。

说到这儿，我想到一对恋人，女孩名叫玛丽亚，是波兰人。她的法语说得非常好，但还没有达到母语的流畅程度，尤其当她的表达掺杂情绪时，她很难找到合适的词句，因此，她对丈夫说的话很少能完全反映内心所想，这让她非常沮丧。于是，我建议她说波兰语，因为即使她的伴侣不能完全理解，也能让玛丽亚更准确地组织语言，而不是一股脑儿地用外语翻译自己瞬间的情绪。

事实上，情绪往往伴随脱口而出的语言，通常情绪一经语言表达，我们就会得到安慰，也就做好了沟通的准备。于非典型人群而言，这是必不可少的一步，因为他们的沟通必须尽量精确，毫无掩饰或矫饰，以满足他们的真诚需要。

良好沟通的基础

咨询过程中，在给恋人们传授沟通技巧前，我会特意提醒他们顺畅的沟通只有在他们接受双方的差异和特点，做真实的自己并能时常设身处地为对方着想的情况下才能达成。

在“过激”中接受差异

作为非典型人士，你可能已经发现：如果你表现得“过激”或者你的性格本身就很极端，那么你们的恋爱生活就会变得困难。

如果你有时过于敏感、过于固执、过于执着、过于认真，你也一定爱得过深，你的爱过于热烈、过于慷慨、过于投入、过于忠贞……这种要强烈地经历一切的倾向可能会让你们的沟通变得困难。于是，两人间的交流就变成了拳击赛，重要的不再是交流不同的意见，而是竭尽全力说服对方。和许多高敏感人士一样，你一定害怕这种权力争夺；随着压力增大，你丧失了自己的言语，说话开始结巴，最后闪烁其词想要逃避冲突。

虽说权力争夺有损你们的恋爱关系，但好在它不是致命的。只要承认双方在恋爱中都有自由表达和行动的权利，没有过多的解读或评判就好。但说起来容易做起来难……为做到这一点，首先要学会接受伴侣和自己的不同之处，即使你不总能理解他为什么这么想、这么做！

（终于）做真正的自己

害怕做自己的你可能会戴上面具来进行自我保护，尤其是恋爱关系刚开始的时候。然后你一点点地展露自己，但也会在没有感受到对方善意的时候迅速披上外衣或逃之夭夭。此后，你更加意识到作为高敏感人士的你，只有在毫无矫饰并无惧他人评判地做自己时才能完全绽放。

想要让你们的恋爱关系恒久绵长，就要满足真诚需要，也就是要让你完全地做自己，同时也给予对方做自己的可能性。此外，这两方面通常互相关联：当我们压抑自己时，我们无意中也会希望对方克制自己。你害怕彻底放开自己，就有点像你准备松开马缰，害怕从此便对一切失去了控制，而你天生就是一个富有同理心和极为审慎的人。正是在你不计一切代价尝试适应另一个人的过程中，你变得笨拙，甚至显得有失体会。

因此，最好的做法就是接受你自己。完全地让种子在对方身上生根发芽。

请记住：不做你自己是你能给自己施以的最大惩罚，因为这意味着你不是为自己而活，而是为别人而活，也就意味着从此你不可能完全感到幸福。

西尔维娅的话

我们有时会好几个星期不说话。不是因为我们吵架，不是的，而是我们两个人都完全沉浸在自己的兴趣爱好里。我是做航天工作的，她是演员。她会完全沉浸在自己的角色里，甚至有些忘我，但她的这个特性正好与我的阿斯伯格综合征相匹配。我也可以百分之一百地投入我的工作当中。起初，我们以为这样不正常，毕竟我们周围的情侣没有一对像我们这样相处。几年的时间里我们尝试改变，即使改变让我们变得不幸。我们差点分手，后来的调解让我们得以展露自己，并用语言说出我们真正想要的和需要的东西。此后，我们便找到了相处的方式，一切都变得完美。毕竟，和除自己以外的谁在一起，能比和自己相处时更像自己呢？没有其他任何人了。

调节好你的天线，设身处地为对方着想

你会不会有时能觉察到一个人的情绪不好，即使他只是从你面前走过？你会不会有时候觉得有个人不喜欢你，即使他什么都没表露出来？你会不会在美丽的夕阳面前或

当你听到你的孩子的笑声时感到莫大的幸福？如果你的回答是肯定的，那么你很可能有天线。

这些我喜欢称之为天线的东西实际上是你的情绪智力。它能让你捕捉他人的情绪、心情，甚至是思想，有点像你在阅读一样。结果是你有时觉得自己来自另一个星球，但你同时具有与他人共情的天赋。但问题是，和其他许多高敏感人士一样，你的这些天线有时太庞杂，过于发达，在恋爱关系中显得非常微妙。不断地捕捉他人的情绪并不是一件容易的事，尤其是伴随着（而不是管理着）我们自己的情绪时。不幸的是，情绪智力没有自带开关，你会发现自己有时陷入非典型人群非常熟知（甚至过于熟知）的棘手处境之中。下面是一个你们当中很多人都应该知道的案例：一个高敏感人士感觉他的伴侣心情不佳，问他怎么了，对方只尖刻地回了一句“我很好，我不懂你干什么要这么问”。其实他什么也没做，只是简单地问了一句就火上浇油了，但他还是坚持这么做，因为他的天线告诉他不对劲，他想帮助和支持他的伴侣，不过他的伴侣有权拒绝他的帮助，也可能会厌倦他那不断探测别人情绪的天线。

更不用说情侣双方都有过高的情绪智力的情况。如果你和另一个非典型人士谈恋爱，他可能会用天线感知你的厌烦情绪，之后他会变得更加沮丧（这就是著名的镜像神经元）……最终，两人间的紧张气氛会成双倍地快速上升。

正因为你的天线无法拔除，所以才要学会好好地沟通，规避一切的争执、沮丧和不快……在我看来，达到这一目的的理想工具就是非暴力沟通。

如何开展顺畅的沟通？

小贴士

沟通是什么？

这是开始讨论非暴力沟通前的一点小提示……沟通包括声音、动作、叹息等，还有沉默也是沟通（有时比滔滔不绝还有效果），这些元素可以向我们的对话者传达观点、思想或情绪，让对方理解我们，最终回应我们。懂得沟通至关重要。只要去到一个说外语的国度，我们就能明白缺乏沟通会造成多大的障碍。在一段关系里也一样，没有沟通，误会就会很快产生，最后演变成两个人都始料未及的巨大地震。换言之，沟通就是脱离泥潭。

西方文化尊崇竞争。如果说有一些人觉得竞争是好事，那我观察到的是这种文化也伴随着评判、要求和道德标准，区分“好”与“坏”。最好的结果是，这些条件限制导致对他人的误解；而最坏的结果是，它们会衍生愤怒、沮丧甚至暴力。能在自己和他人之间开展没有暴力和任何过激行为的高质量沟通是一个人宝贵的能力之一。

非暴力沟通：满足连接需要的重要法宝

由美国心理学家马歇尔·罗森堡创立的非暴力沟通的理念对非典型恋人来说尤为受用，因为正是通过沟通，你才能满足自己和别人链接的需要，感觉你们之间相互理解，并能做真实的自己。

为了能达到平和且充满善意的沟通，我经常建议我调解的情侣采用非暴力沟通。那么非暴力沟通的基础有哪些呢？

- **善良和沟通是天生的，但并非不可改变。**刚出生的婴儿有与人单纯地、真诚地沟通的欲望，而不要求对等。不幸的是，我们很快就失去了这种不带有任何期待的自我表达的意愿，我们把沟通仅仅当作一种工具。而我们必须“重新学习”非暴力沟通（或是善意沟通）。
- **非暴力沟通的基础是表达我们的需要，而不是我们的欲望。**说出自己的需要可以打开满足需要的通道，而封锁欲望则会带来无尽的失望。剩下的就是要学会区分需要和欲望。
- **非暴力沟通的另一个基础是倾听对方的需要。**这种倾听一定是积极和善意的：我理解并尊重对方的不同和他自己的需要。
- **非暴力沟通意味着不把事情私人化，**而是将其概念化并重新组织语言，意识到对方描述的不是真正的事实，而是他个人认为的事实。例如，如果你的伴侣跟你说他很烦，你没必要觉得自己被针对了，即使他说“你烦死我了”，也没必要这么想。当然，你听到这种话会不高兴，但并不是你让他厌烦，而是当时的场景，或他对你的态度的理解，以及这对他造成的影响让他烦恼。一个小小的区别就会有大大的不同……

- **非暴力沟通不会怪罪对方，**只是以你的名义说出你的需要。当“你让我很恼火”变成“这种情况让我感到恼火”，对话之门就打开了，而不是压垮对方。
- **非暴力沟通能激发出同理心，**激发出和你希望从伴侣那里得到的同样多的同理心。有时我们不知道自己为什么心情不好，不知道为什么这样或那样的事让我们心烦。这很正常，而原因其实也不重要，最重要的是明白对方此时没有做好沟通的准备。
- **非暴力沟通教会我们从容不迫**！有了非暴力沟通，你就学会了向对方建议合适的时间来讨论敏感的话题，而不是强加给对方。虽然有时需要换一个时间来讨论，也值得等待一会儿再平心静气地对话，总好过当即带着情绪对话。

小贴士

苏格拉底和他的三个筛子

非暴力沟通不是昨天才发明出来的新产物，苏格拉底的故事可能会让你找到共鸣。

希腊哲学家苏格拉底有一天被一个人叫住，那个人想跟他讲讲关于他一个朋友的事。苏格拉底没有立马认真听他讲，而是让他先用三个筛子过滤一下自己的故事，再来决定这个故事值不值得听。

△在讲关于别人的任何事情之前，都应该花点时间先过滤一下要讲的话。第一个筛子叫“真实”，你确认过你想说的是实情吗？

△其实没有，我没有亲眼所见，我只是听说了这件事。

△非常好！所以你不知道你说的是不是真相。现在再用第二个筛子——“好意”来过滤一下。你想让我知道的关于我朋友的事情是不是好的事情？

△啊，不是的！完全相反！

△所以，你想告诉我一些关于他不好的事，而且你不确定这些事是不是真的。这就不太好了。但你还可以再检验一下，因为还剩一个筛子——“有用”。你让我知道我朋友的所为有什么用处吗？

△用处？倒是没有，我不觉得这有什么用。

△那如果你想跟我讲的事又不是真的，又不是出于好意，又没什么用，你为什么还要跟我说？

我想跟我帮助的所有恋人分享三个筛子的故事，因为它告诉我们要抓住事情的本质。高敏感人群总会注意到日常生活中让他们感到幸福的点滴，例如一道彩虹；但他们也会看到小污点、小瑕疵和生活中晦暗的部分：循环往复的生活节奏、天气、责任、心理负担、紧凑的日程，以及孩子和有时无法避开的艰难岁月，这一切会让他们看不到事情的本质。

掌握非暴力沟通的三个练习

1.做出筛选

为了让你慢慢地学会运用非暴力沟通，首先来做个小练习。这个练习的目的是让你筛选一下你对伴侣说的话。

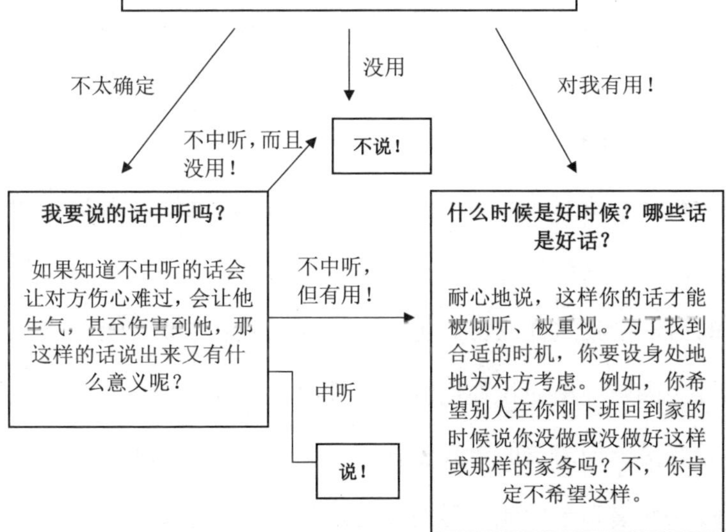

概括来说就是，如果你想对伴侣说的话既没有用又不好听，那就别说。如果你要说的话有用但不中听，那就换

位思考一下，然后等待合适的时机，找到合适的语句。这样你会有更强的共情能力，它（尤其）是夫妻生活中非常重要的一种能力，因为一切善意沟通的基础就是共情。

2.关注本质

做了筛选练习后，要做一个总结：看看你们一起经历了什么，以及你们两人继续在一起的可能性，甚至组建家庭生孩子的可能性。这个微笑、这个笑容、这只手、这个眼神和这个时刻，哪个最为重要？试着花更多时间去看、去欣赏，甚至去创造。然后留出一个时间来说类似“我爱你”之类的话。充分利用非典型人群特有的超凡能力来发现生活中的美好。

这些真诚而深切的话永远不嫌多。也许随着日子每天循环往复，你再也听不到这样的话，但你要一直说这样的话，接收这样的话。也许有一天（我希望这一天不会来得太快），生活让你们分开，那时你们就再也没有机会跟对方说一句简单的“我爱你”了。到那时，你们所有的争吵、冲突和矛盾就会显得如此遥远而无关紧要……最后只剩对爱人的回忆，也许还有没能跟他经常说心里话的遗憾。因此，从今往后要尽量避免产生这种遗憾，互相用各种方式说“我爱你”，你们甚至还能创造出新的表达方式。

3.善意地解构

这个小练习带你们进入了一个重要阶段——解构（你们的教育、你们对恋爱的固有观念、你们成长的文化背景等），从而跟你们的过去说再见，跟从前阻碍了你们做真实的自己的那部分自己说再见。

例如，如果经济问题反复地出现在你们的关系中，那就可以了解一下你们的父母是如何管理家庭财务的。谁工作？谁赚钱？谁花钱，买什么以及怎么花？谁决定大笔支出？

你俩还可以轮流谈谈你们的童年、你们接受的教育、两人的伴侣关系、你们对两人和家庭生活的看法……

空出时间好好讨论一下，但不要一次性地面对面讨论，而要以间接的方式讨论。比如你可以把你的故事写在信里，或者通过语音信息或视频等方式分享给对方。这能让你更深度地自省，不用受阻于对方的眼神或被中途打断。因此这个沟通练习也是自我疗愈型的。即使这些话题你们此前已谈论多次，通过间接的方式再次谈论通常可以带来新的视角，甚至能让你们更加亲密。

你的伴侣只用倾听就好。如果你请他提出建议，他也可以为你提供一些思路，不带有任何评判，重新询问了解你的故事。接下来就该你跟过去拉开距离了，学会原谅，尤其是原谅你自己。过去的就让它成为过去。你们两人都应该保留最好的自己，为你们建设适合自己的现在和未来。当然，由你们自己决定想说的事情，目的不是再次感受过往某些经历的痛苦，而是跟这些痛苦的回忆告别。请注意：如果这个练习勾起了童年的创伤，你们应该找一位治疗师谈，因为你们两个人很难在一块已经千疮百孔的土地上重建自己……

接下来，转换角色。你们可以解构任何你们觉得无法改变的事，毫无顾忌地跳出社会、道德和教育给你们设定的边界，这些条条框框在当时能让你们安心，但现在却禁锢了你们。

善意沟通的局限性

很多高敏感人士告诉我，他们很难运用非暴力沟通，因为即使他们付出了很多努力，他们还是会面对拒绝使用非暴力沟通并且有攻击行为的人，这必定让他们的努力化为乌有。遇到这种情形，他们会觉得自己被虐待，感觉自己是脆弱的，然后不得不放弃非暴力沟通。所以我会宽慰他们：非暴力沟通不是魔法，肯定会有一些无法用非暴力沟通解决问题的情况。

- 首先，**如果两人中有一人不相信非暴力沟通，它就肯定是无用的**，因为此时的目的显然不是纯粹的沟通，而是不计一切代价地赢得胜利。沟通不是竞赛，而是敞开心扉的真诚交流。
- 其次，**有些人可能会滥用非暴力沟通，以达到操纵的目的**，尤其是居心叵测的自恋者。
- 再次，**我们不能低估永远保持善良的困难性**，因为始终倾听对方并与之共情并不容易。我们都是人，不是神！

为了更好地沟通，不要指责对方

我在这里想表达的只有一个观点，那就是指责本身不能让你成为更好的人。

有些高敏感人群的指责反应非常强烈，这通常跟他们所受的教育有关。你一定记得在你小的时候，总有人试图教你明辨是非。当然，大人教我们明辨是非很正常，但有一些大人过于强调错误的严重性。这种我们很多人都接受过的“古老”的教育方式伴有常规的教育暴力，也就是惩罚、伤害性话语、侮辱或体罚（打屁股、扇耳光等），从而让人产生愧疚感。它甚至被当作你明白了好与坏之差的标志。不幸的是，指责不能帮助解决问题，反而会对自信心和自尊心造成严重打击。尤其是对高敏感人群，指责会大量消耗他们的能量，造成他们情绪上的懈怠。好在如今的教育在往更良性的趋势发展。

习惯性指责

亚斯明娜的话

我经常在生气的时候跟人说话语气不好，跟孩子、朋友、老公都这样，我会指责他们。我感觉很糟糕，我很惭愧。我无地自容到无法说话，我甚至没法做出道歉。当我采用这种态度时，别人觉得我既固执又霸道，但这不是真的。我总是这样，我也很累！我总在指责一切，连我自己都指责，这让我变得更敏感且易怒。这就是恶性循环！

如果说亚斯明娜被困在了恶性循环里，那是因为别人只教会了她一种应对不合理做法的方式。别人让她认为应该以指责的方式应对，于是，这就变成了一种自然反应：我做了不该做的事（冲某人大喊大叫）→这样不好→我感觉很糟糕，于是指责对方→这种感觉很难受，于是我改变我的行为。

从亚斯明娜的话中可以看出，她指责他人的后果更多的是作用到了自己身上，以至于她的行为被周围的人消极看待。而对其他人而言，这种指责的习惯更多意味着自我鞭挞，会让他们失去自信和对恋爱关系的信心。那如果我说行为的改变不是最终的结果，而指责却会造成决定性影响呢？如果我跟你说这一切在特定条件下才会发生，因此行为是可以改变的，你也可以不必通过指责来自我提升呢？

试着思考一下这个问题：在你小的时候，大家怎样让你知道你的行为不对？你身边的大人是不是会说“你做得不对”“这样不对，看你做的好事”“现在看你怎么办？”之类的话？他们是不是会把你晾到一边，威胁你，甚至打你的屁股让你“知道”自己做得不对？如果是这样，你的成长过程很可能伴随着指责。放心，你不是一个人！

今天的你当然不会被晾到一边，但你可能会觉得指责是一种美德。到此，也许你可以审视一下自己的态度。指责是不是真的可以改变你？还是改变的欲望或共情，对对方的爱和同情心更能让你提升？

指责绝不是改变的动力。错以为指责是改变的动力会产生不健康的关系，一方以让另一方屈服为目的，它会变成威胁的工具，背离了非暴力沟通的初衷。

另外，通过指责来补偿自己的过错，来道歉，来让自己好受的人有很多，而且他们总是不断地重复同样的行为。在这里我尤其想到了家庭暴力的恶性循环。

改变对指责的看法

最后，如果我们加以研究会发现，这种“吃得苦中苦，方为人上人”或“美丽需付出代价”，而不是“要懂得踢一下动一下”的文化，在我看来有一些中世纪文化的余味。而且这种文化对高敏感人群来说是毁灭性的。好几项研究表明，为了发展能让每个人获得幸福的积极性敏感潜力（著名的“有利敏感”），尽量减少暴力的教育是必不可少的。

不幸的是，我们有时很难制止带有暴力的教育，因为这种教育方式已经嵌进我们的骨髓里。因此现在重要的是意识到问题。你的目标就是打破指责的恶性循环，避免让你的孩子成人后（甚至成为家长后）陷入同样的循环之中。

走出指责循环的一些方法

- **注意不要走向指责的另一个极端，实行无所谓主义**（类似于“好吧，就这样吧，没有人是完美的”）或当下立即找理由，“我回来已经走了很远的路”，“我今天过得很糟糕”，“不管怎样，这种情绪对我来说太强烈了”，等等。你的确有必要审视一下你的思维系统，不要让自己再走向“我指责是为了采取行动”或“我只是想对自己好一点”的误区。给自己找理由，就容易忽略自己给对方（孩子或配偶）造成的伤痛。
- **开门见山！**你是不是还没能在你们两人之间建立良

好的沟通模式？你的自我鞭挞没起到什么作用，甚至毫无用处。那就跳过指责的阶段，直接寻求解决方法。这样你就可以把你的能量用在具体的事上，更多地考虑对方而不是你自己。你觉得自己难以做到？别忘了你有强大的共情力。你伤害了你的伴侣？不要给自己找理由，不要用心计，直接跟他道歉，然后开始思考你们都能接受的解决办法。

- **注意总结并阐明一天中发生的好事，**你们表达了好意的每个瞬间。你的目的是重视这个过程，两个人互相庆贺。为什么呢？因为非典型人士通常注重细节，但不幸的是，他们关注的不总是积极的一面。比起反复琢磨你做得不对的地方然后自责，还不如关注那些能促进你的自尊的小事（麻利地做完了一件事，平和地解决了一次争端，一刻的放松和对你自身的关注）。别忘了，你的自信会给你们的关系带来信心。

能经受一切考验的默契

也许我接下来说的会让你感到吃惊，但我还是想在这一部分的开始，告诉你们一个惊人的事实：为了让你俩相处融洽，你得表现得自恋一些。我想你可能不明就里，因此我想明晰一下精神分析里对非典型人群来说最基础的一个概念——自恋。跟我们通常认为的不同，自恋不是指过于自我陶醉，弗洛伊德以为的自恋是主体对自己的投资，紧随意识初期之后。它包含自尊这一积极含义，而自尊也是自爱和爱对方的必要条件，它能让你关注自身并且照顾好自己。非典型人群通常会执着于把事情做好，去适应对方，对自己高标准严要求。如此一来，他们会更容易做出牺牲，害怕被抛弃，而忽视了对自己的认识，也就是自尊自爱。为了让你俩相处融洽，就应该重视你自己！

爱情长久的秘诀

许多高敏感人士都梦想着终身拥有爱情，和自己的爱人百年好合、相亲相爱……如果你也是这样，那就要记住：想要佳偶天成、百年好合，首先就要懂得爱情如何可以长久，有哪些因素能让爱情长久而哪些不能。这一主题的研究者提出了众多假设，爱情是否可以长久似乎由多个特定因素决定……

遗传

法国国家科学研究中心的神经科学博士和学者露西·文森特认为，爱是一种遗传机制，目的是保障生育，也就是人类的繁衍。的确，和其他哺乳动物不同，人类的孩子需要双亲，一个和孩子待在一起，持续地抚养孩子（也就是亲子关系理论），另一个保障前者的生活和家庭的安全。因此，为了人类的繁衍，我们的基因设置就是要让婚姻长久延续。

生化

爱情是否能够长久还由生化机制，也就是气味和激素之间特殊的反应来“保障”。孩子出生的头几年，母亲的大脑会分泌大量的催产素，也就是产生爱和幸福感的激素，从而产生依恋。而当两人在一起（互相抚摸、亲吻或一起大笑），充满爱意和柔情时，也会分泌催产素。这一爱的生化反应有一个目的：使父母两人在一起，以保证孩子的生存。等孩子长到三岁大时，父母大脑的相关区域会脱敏，慢慢地，两个人会“重新找回理智”。三岁也是孩子开始独立的时候，此时一个家长已经能够满足他的需要。因此催产素在婚姻的延续里起到了关键作用，即使没有孩子也一样。的确，无论我们是不是父母，我们在生理上都是繁衍的生物，跟所有的哺乳动物一样。因此我们被大自然“编程”过，让我们想拥有一个家庭，让我们有能力建立一个家庭。

小贴士

恋人间的生化反应在起作用

很多非典型人士将爱情长久设为目标，却没有意识到它需要个人的付出和有序的安排（留存两人共处的时间、释放生活中的压力等）。对浪漫主义者和理想主义者而言，一些非典型人士的存在就像画布上的阴影，他们希望一切都自然发生，没有强求，也无须付出努力。当他们明白事实很难如此时，通常会很失望，尤其是头三年后，大脑觉得应该怀孕的时候（无论是否真的打算怀孕）……你觉得上述描述和自己像吗？如果觉得像，就立即启动一个系统（共处的时间、每周的约会等），让你们可以有固定在一起的时间来培养默契，并分泌更多的催产素。注意，安排两人培养默契的时间会有另一个问题：和对方在一起时做真正的自己。

和对方在一起时做自己的能力

意大利社会学家弗朗切斯科·阿尔贝罗尼认为，当两个人一加一不等于二，而等于三的时候，爱情能够平衡而长久。他的设想是双方都有必要保持自我，从而创造第三个整体——情侣。如果说我们所有人在热恋期都喜欢做1+1=1的加法，两人融为一体，眼里只看得到对方（这一阶段从两人相遇开始，能持续几年），那么，当我们看到两人其实存在差异时，就会开始做1+1=2的加法（争吵期，通常开始于两人住在同一个屋檐下时）。当两人度过了这一关键时期，接受双方差异又没有忘我地付出，这时就是1+1=3（你、我、我们）。因此爱情的平衡取决于每个人都能充分绽放自己，独立于另一个人，以及保持自我的同时，对另一个人开放的能力。要知道走完这些步骤需要一定的时间，还有不少人永远也走不到第三阶段，所以才有了那句老话：爱只能维持三年……也就是我们刚才提到的三年的生理性热恋期。

安托万的话

我已经不认识她了，我也不认识我自己了。我甚至到了问自己我们为什么还要在一起的地步。她梦想旅行和在城市生活，而我却想隐居山林。她想让我们的孩子上最热门的学校，而我却想对他们进行家庭教育……

好像整个世界都在让我们分开。是不是我们一开始已经这样了，只是我没有意识到？是不是我以前太爱她了，以至于看不到我们之间的差异？是不是我自己让自己相信我们是一样的？我不知道，我不知道了……

当然，没有必要完全信奉三年之说，但我们很容易理解爱情是需要维护的。即使一开始很顺，到了人生的一些特定阶段，互相的吸引力就会自然地减少（这里面甚至有生化方面的原因），因此双方都要为彼此提供充足的催产素来让爱情持久。这些内容可能让你觉得理论性太强，但在你感到困惑时记住这些很重要。随着时间的推移，恋人甚至会不再认识彼此，而这也成了许多矛盾冲突的温床。这些产生怀疑或“分裂”的时刻会发生在每个人或绝大多数人的身上，最终导致或积极、或消极的结果。

小贴士

东布罗夫斯基理论和积极分裂

波兰精神科医生和心理学家卡齐米日·东布罗夫斯基（1902—1980）提出了一个与当时心理学思潮相悖的理论。他创新性地反对仅从症状消失的角度判定心理健康。他认为症状也可以有积极的含义，竭力让症状消失不利于个人发展，因为每个人不可避免地会有不适、怀疑、质疑或危机的时刻，并由此出现症状。这就是个体在个人生活和恋爱生活中都会经历的“分裂”时刻。东布罗夫斯基认为，这些我们质疑一切的危急时刻既是正常的也是积极的，因为它们可以让我们成长并获得真正的心理独立，因此也能重新团结两个人。你觉得你们的恋爱关系遇到阻碍了吗？彼此没有那么相爱了吗？如果说你会不自主地感到担心，那也要知道只要你们一起克服了危机，你们就能获得个人和两人共同的成长。

不用对方来满足自己欲望的能力

精神分析学家拉康认为“欲望”一词意味着我们想要其他的东西。因而我们会有期待，无论是有意识的期待还是无意识的期待，它们都会深入我们的关系中，我们的期待越大，对我们幸福的影响就越大。太多的关系之所以被拆散，就是因为我们期待对方能够填满、承受、夺取自己。然而，我们首先应该和自己好好相处并认识自己，再来选择一段不会丧失自我，也不会予取予求的关系。

让两人长期情投意合的方法

接受自己的缺点和弱点，是为了爱别人的缺点和脆弱

没有人是完美的，这是一个很容易证明的事实。因此，你和我，和你的家庭成员、你的邻居、你的朋友一样，有无数的缺点和弱点。问题是我们不会在社会生活中凸显自己的缺点和弱点，而是做出轻而易举获得成功的样子。因此，要表现出我们的小瑕疵并不容易。你感受到压力了吗？要记住，只要意识到了自己的小缺点，你就完全可以保留它们，因为这能帮助你用另一种方式看待别人，让你变得更加包容。像许多高敏感人士和天赋异禀的人一样，你也许是这样做的：你看到了自己的局限，但还没学会接受它、爱上它。因此要积极地运用你那超凡的洞察力：不要自我鞭挞，尝试接受你自己，你只是人，脆弱的人。

柔弱一点，从而让你俩更融洽

展现自己柔弱的一面（并发现伴侣的脆弱面）不仅能满足你的真诚需要，还能让你放心地表现出自己无力的一面，展现真实的自己，而你的伴侣也能如此，从而让你俩更加融洽。展现自己的柔弱能让你们共度一段亲密的时光，并将自己完全地献给对方。

你想发展出这种亲密无间的关系吗？那就找一些时间让你们一起尝试新鲜的事物，一些在你们舒适区以外的事物。你们害怕空虚吗？那可以尝试一些户外运动。你们不会跳舞？那就一起去上一些交际舞课程……这对你们来说是互帮互助、超越自我、展现柔弱的绝佳机会。

不要尝试去改变别人

你不会喜欢所有的人，也不是所有人都喜欢你。这是一个事实，但不妨碍人与人之间互相尊重。那如果和你一起生活的人身上有一些地方让你感到恼火怎么办？首先你得记住我们无法改变别人。如果你的伴侣进步了，那么他自己就知道改变，这是为了他自己，而不是为了在关系中伪装自己。如若不然，他就会戴上面具，你们的关系也会受损。我建议你连同对方的优点和缺点一起接受，你认为这不可能吗？要记住，和另一个人谈恋爱，就要知道你想从两人的生活中获得什么，了解你的需要，看看你的需要是否和对方的需要相契合。这是你们想长久在一起就得考虑的重要事项。我提供咨询时，非典型人群常对我说对方想改变他们，对方会责备他们的敏感。但当我跟他们更深入地探讨这个话题时，他们才意识到原来自己也在做同样的事（通常如此，因为当他们觉得自己被抛弃时，为了自我防御，他们也试图抛弃对方……）。不幸的是，他们的这种行为必定对两人的融洽关系有害。正确的反应应该是和对方沟通你有被抛弃的感受，以防对你的伴侣造成同样的伤害。

小贴士

只是有点妨碍还是严重损害？

你是否觉得伴侣身上有一些特点让你很恼火？如果是，我建议你好好地探究一下这个问题。你可以随时在你的本子上做笔记……

- 你的伴侣身上有哪些性格特点跟你的需要相悖？
- 你能长期接受他的这些特点吗？为什么？
- 他的哪些特点对你来说只是有点妨碍，但在日常生活中无伤大雅？

花点时间好好思考一下，因为这些特点可能会影响你们两人的感情和幸福。比如说，如果你的嫉妒心较强，就要避免找一个有强烈的自由需要或诱惑需要的人。如果你找了这样一位伴侣，那就要接受他本来的样子，也不要期待他会改变；需要你去适应他，而不是他来适应你。

停止消费一切

我们的西方文化让我们在一种过度消费的机制中成长，不仅过度消费产品，还过度消费感觉，甚至还时常牺牲别人的利益。所有的电影、书籍、广告、社交网站都在给我们讲一个故事，试着给我们贩卖一个梦——可以快速得到幸福的梦。如果我们不和这条所谓的“捷径”保持距离，就可能会自乱阵脚、不知所措。人们总让我们行动迅速、竭尽全力、做到最好、拼命生活，尤其还让我们管理好、控制好自己的情绪，提前安排好能被社会接受的时机短暂地释放情绪。总的来说，就是欲擒故纵……

你知道其实你无须管理你的情绪吗？

我经常看到一些书鼓吹管理、控制、引导或调节情绪的秘方，里面会推荐瑜伽或冥想……当然，我完全不反对这些方法，它们在某些方面也是很有作用的，但你可不要用这些方法来逃避自己的情绪。别忘了情绪会贯穿全身，并会到达智力层面；情绪无法被掌控。最后，情绪是件好事，因为它是你的朋友，每种情绪都能让你更清楚地知道自己的需要和价值。

问题在于，就在我们努力遵循这一机制时，我们最终把对方（也就是我们的伴侣、孩子、朋友等）当成了消费品，我们的关系也不再牢靠，不再幸福。除非保持一种相对平衡的状态，也就是接受这种消费，完全意识到它的存在，并注意不要过度消费关系（说到底，只要两人都觉得合适，为什么不可以呢？）。消费主义指的是我们与客体，尤其是和他者*的关系，以及和我们的自恋，和我们如何让另一个人放入我们想要被爱的欲望之间的关系。因而，这个代表一样东西或一个人的客体成了我们渴望，甚至垂涎的对象，以至于我们会用我们的地位和价值来衡量自己。例如，我们会因为缺少一些类似于房子、车子或珠宝之类的价值物而痛苦，因为我们觉得是这些东西赋予了我们社会意义。同理，“拥有”一个配偶和孩子象征着拥有了成就、成功、幸福……

---

* 拉康认为他者指的不是“他人”，而是具有象征意义的一个空间和一处地方。

夏尔的话

我觉得多去征服一些女人很正常，因为我们的头脑中已经被灌输了一种观念，那就是对男人来说，征服女人的本事是基础，还因为这样才能找到“好女人”。所以我有很多露水情缘，经常换女人，以至于忘了时光流逝，忘了应该建立一段互相信任的长远关系。现在我都40岁了……我认识了很多不错的女人，但从没花时间真正地认识她们。在这种快餐式的疯狂生活中，我忘记了停下来，找一个时间和一个我爱的人待在一起。

拉康认为我们不断在社会的眼光中寻找自己存在价值的符号，永远都不会停止这种苦苦的追寻。这种对被爱和被承认的如此强烈的渴望对应的是消费的逻辑。对非典型人群来说这是基础理论，尤其是他们具有捕捉他人感受的能力，以至于将他们自己的情绪体验和别人的情绪体验混到了一起。事实上，这一理论可以追溯到很久之前，从鲍比提出依恋理论的年代就开始了。高敏感人群实际上从很小的时候开始就能感知到父母有意识或无意识的期待，从而成为父母希望他们成为的理想孩子。他们会想让父母高兴，被父母接受。父母的期待越深，他们就容易成为“消费品”，模范孩子会在一定程度上奉承父母的自尊。孩子越敏感，他的天线就越容易把他关在这个角色里。小小的他不能给自己松绑。只有等到长大之后，继续在这个模式中无法绽放自己的孩子才有可能解脱。恋人之间也一样：我们总是在我们投入感情的客体身上找寻我们自己的身影，从而能够爱自己。逻辑是这样的，如果有人爱我，那说明我是可爱的，我也就能爱自己。

这么分析来看，你的目标是不再把对方看作理想的爱的客体。完全按照他本来的样子看待他，这样你才能真正地去爱他，而不是渴望去爱他，这也能让你们长久地融洽相处。

增加你们默契的五个练习

无论我们的社会、文化和教育条件如何，也无论我们的人生际遇（丧事、过劳、疾病、为人父母等）如何，怎样才能让我们之间的默契长存？我在提供咨询的过程中看到很多恋人都被这个问题困扰，也担心他们之间的关系失衡。为了帮助他们找到并滋养他们的默契，我向他们提议了几个练习。

开始之前……

请记住这几个点：

●双方都同意做这些练习。你们必须有共同的意愿！

●最好是在只有你们两个人的时候，在安静的或有轻柔背景音乐的环境下，并且在你们都有时间（大约15~20分钟）的情况下做这些练习。

●在这十几分钟里，请忘掉你们的手机或任何其他会让你们分心的东西！

●用一点时间来让你们两人相互链接，互相对视，关注当下。为了让你们进入状态，先一起做深呼吸：眼睛看着对方，一起用相同的节奏吸气，然后呼气。不要说话。至少做十个深呼吸，之后你们会发现这个步骤是必要的。这个练习的目的是找到肉眼看不到，只有用心才能看到的本质。我们有时会忘记，一些简单而自然的东西就能让我们重拾自己，例如呼吸……呼吸就是生命，所以要一起学着呼吸和生活。

练习一：你的每日天气

练习目标：环顾你的情绪天气，慢慢深化你的感受，再用语言表达你的不适。你处在什么天气？

为什么这个练习对你们的默契至关重要？跟前面的内容是同样的逻辑，要想增进感情，就要打开自己更隐秘的地方，也是向对方打开自己。总体而言，每日天气训练深受高敏感人群欢迎，因为这给他们提供了一个和伴侣真正链接的机会。

操作步骤：每个人相继描述你们身体和心理的感受，不要互相打断。首先描述在你们身上能看到的表征，再描述看不见的部分：你们的肩膀（直角肩还是溜肩），你们的头（仰头还是低头），你们的大腿和手臂（交叉的还是……），你们的呼吸，你们的心跳，你们的感觉（热、冷、饿、渴……），等等。你的伴侣可以通过对你的姿态进行提问来帮助你描述。慢慢地，你开始专注自己的情绪感受：你是不是觉得你的肩膀上有一个重物？还是觉得自己很轻松？花一点时间安静地检查你的所有感受。如果遇到不清楚的地方，就休息一下。有时听对方描述能让你明晰自己的一些感受。练习的最后问问自己哪个需要是你最急迫的需要，要立刻满足的需要。你不用去找解决方法，只需要提出这个需要，和你亲密的另一半分享这个需要，并充分相信你们的亲密度。

练习二：通过回忆让你们心连心

练习目标：回忆你们在一起时的重要时刻。这一练习能帮助你们训练积极倾听，也就是没有干涉，不打断对方的倾听，完全由对方的回忆引导。

为什么这个练习对你们的默契至关重要？它能让你给对方足够的空间让他按照自己的节奏说话；从而让你们两个人都觉得自己完全地被对方倾听。这个练习还有一个好处：它能让你们把思绪集中到本质，而避免在心里反复思量。

操作步骤：你们轮流讲述你们的相遇和你们记忆中最美好的回忆，包括你们第一次的约会、你们的初夜、你们的婚姻、孩子的出生……你在讲述时，你的伴侣什么都不说；他只是听着，感受此刻释放出来的情绪。当你结束后，就让他讲述，而你就好好享受这个过程。

练习三：赞美对方

练习目标：和很多情侣一样，你们可能不会（或不再）想到要赞美对方。但这确实是你们给对方的礼物。赞美那个和你分享生活的人，对他说一些真诚的话，会让他发自内心地感到高兴，而你也不期待任何回报。这就像你向他伸出手一样……

为什么这个练习对你们的默契至关重要？这个练习的目的很简单：学会接受伴侣的赞美，但做到这一点却没有我们想象中的那么简单。的确，比起其他人，非典型人群通常更容易遭到批评（别人对他们的批评，以及他们对自己的批评），所以他们很难承认自己身上有能让别人高兴的地方。所以让你爱的人有机会说出他爱你的地方吧！这个过程能让你释放出许多的催产素，也就是著名的爱的荷尔蒙。

操作步骤：双方各自想一个夸赞对方的点。它必须是真诚的、发自内心的，并且是为对方好的。慢慢说不着急，选在白天或者现在，都由你来定……接受赞美的一方则好好欣赏，甚至感谢你的伴侣做出如此纯洁的爱的举动。

练习四：学会说谢谢

练习目标：重新学习如何说谢谢。感谢对方这件事已经变得要么很困难，要么微不足道。但接受赞美后一个感谢就是最完美的。

为什么这个练习对你们的默契至关重要？它能让你们对对方充满感激，自动为你们创造亲密瞬间，因此培养了你们的默契。别忘了很多非典型人士都有强烈的链接需要，他们需要感觉自己和对方相连。如果这个练习不能满足你的这个需要，也不要勉强自己。因为感谢必须出自真心。

操作步骤：两个人都花点时间好好思考一下你们可以感谢对方的五件事，然后相继说出你们的感谢。你们可以根据你们的喜好，通过口头或者书面的方式表达感谢。练习的最后，你们互相看着对方的眼睛说："谢谢你，谢谢这一刻，谢谢你为我、为我们抽出了这个时间。"你们完全接受这个发自内心的感谢，然后经常性地带着同样的爱意，为日常生活中的小事感谢对方。

练习五：成为对方的好教练

练习目标：自信地展现出你的脆弱，并帮助对方超越自己，这能让你们意识到你们是一个团队，你们能互相帮助对方成长。

为什么这个练习对你们的默契至关重要？虽然不依赖对方很重要，但你也有必要知道我们在困难的时候可以依靠对方。况且我们对一起共度危急时刻的人才会产生信赖，而信任可以产生默契。

操作步骤：向你的伴侣交代一些你的个人计划。说一个短期计划、一个中期计划和一个长期计划。如果你是倾听的一方，注意不要对对方的话加以评判，谦逊地听对方讲述自己的梦想。这是一个关键点，因为我们很容易嘲笑别人（虽然不带有恶意，但这会阻碍建立信任的过程）。然后，看看你可以以何种方式帮助你的伴侣实现梦想，你的伴侣也可以想想怎样能帮你实现梦想。记住，是由你引导他知晓你的需要，因为没有人比你更了解你自己。问问自己你们如何在日常生活中支持对方，制定一些目标，然后带着乐观和善意的心态互相鼓励对方。

如果说这些小练习可以增进你们之间的默契，那么还有一个要素也会影响到你们的幸福：性。

你们的性生活

正如恋爱的方式不止一种，性爱的方式也不止一个。我们当中有很多人的亲密方式，包括生活中的其他方面都在主流和非主流之间拉扯。

性的另一种方式

理解你们在关系中的真正需要固然重要，但明白你们的性需要同样重要，甚至更为重要。正因为性在不断地、恒久地变化、发展，了解你们的性需要才显得尤为重要。

小提醒

作为高敏感人士，你的关系可能由下面几个因素主导：

- 当你不是对方期待的样子，或你没有做对方期待你做的事情时，你就会害怕被对方抛弃。
- 想要把事情做好并取悦对方，即使冒着甚至都不知道自己是谁，以及自己有哪些需要的风险。
- 否认你自己的敏感。

当敏感影响到我们的性关系

让我们在否认自己的敏感这一点上稍作停留。的确，很多高敏感人群“忘了”他们的感觉高敏，以及感觉高敏对他们的性生活可能造成的影响。例如，有些人非常讨厌性爱时散发出的一些气味或一些感觉，以至于这些东西严重阻碍了他们的性生活。

随之而来的还有棘手的沟通问题。的确，谈论一些与性有关的话题会比较敏感（尤其因为感觉高敏），例如说我们喜欢什么、不喜欢什么，我们喜欢哪些体验，想避开哪些体验。其中暗含着我们在性爱中时刻害怕被评判的心态。为什么呢？因为我们的想象中只有一种“正常的”性爱方式。面对这唯一的性爱方式，其他的方式都是离经叛道的，或者至少是有问题的。我们的教育、文化、信仰都会限制我们的性关系，无论是和别人的性关系还是与自己的。是否有婚前性行为、对性的看法，以及一些特定的性方式都会对性生活造成影响。

丽莎的话

我很难跟他说我不喜欢他嘴里的味道。他觉得我不喜欢和他接吻，但实际上是他嘴里的气味让我难受。晚上，当我在房间里闻到他的气味时，我就会把窗户打开，即使是在寒冬。他喜欢亲我，但我不能接受。即便我把头转到一边，只要闻到他的气味就让我觉得恶心和紧绷。他感受到了这些，我们的关系因而受阻。但我不想告诉他，我太怕伤害到他，他可能也很敏感……我们的性关系中已经遭遇了这么多的困难，我不想再增加一个。

结果就是很多的人，尤其是女人，对探索自己的性的话题感到不适。因此他们很难跟自己的伴侣（尤其是男性）解释自己的身体机制。事实上，障碍出自我们自己：我们越能自在地谈论自己的身体，就越能和另一个人轻松地谈论它。如果这种心理的不适再加上身体的不适，情况就会变成一团乱麻。截至目前，我们对美的定义都是非常正常化的。但我还没有遇到过有人说和自己的伴侣亲热时注意到对方的身上有这样或那样的小缺点或瑕疵。对我帮助过的所有情侣来说，性兴奋永远占上风。

再探索练习

如果你或你的伴侣感受到了阻碍，你们可以试试下面这个小练习。

- **练习目标：**让你们克服不适感，重新探索性，并慢慢地建立对对方和你自己的信心。
- **操作步骤：**关掉灯光，静静地躺下，要么保持安静，要么配上一点轻柔的音乐。你们可以面对面，也可以并肩躺着，你们只需要用动作沟通。你们可以拉起对方的手，闻闻对方身上的味道，轻轻抚摸对方，甚至亲吻对方。学着重新认识对方，不用说一句话，不用看到对方，只用试着感受对方生命的冲动。

注意不要对这个练习抱有任何期待，因为这个练习本身没有任何目的，也没有成功的既定方案。目标仅仅是让你脱离一下自己的视觉，连接上你其他的感官。由此你就能以不同的方式感知对方，也能以不同的方式感知你自己。

走向言论和性爱解放

亲密关系不能只概括为简单的性关系，更不只是进入对方的身体而已。世界上存在不同的性，同样也存在不同的欲望，而一对夫妻的性欲也可能不在一个频道上。

尤其当两人中有一人性冷淡，而另一人不是时，这种情况就会发生。性冷淡就是感受不到想要发生性关系的需要，对对方和自己只有一丁点或者根本没有性欲和吸引力。现今很多人把性冷淡看作一种性取向，从许多高敏感人士开始，他们承认自己性冷淡，并在咨询时与我分享他们的经历。一些人解释说他们的触觉特别敏感（运动感觉高敏），另一些人说他们比常人更听从自己的感官，因此也不会勉强自己符合某种标准。

如何创造属于你们的性爱方式？

我还要多说一句，这种性爱方式既要适合你们，也要能让你们的关系变得更加紧密，因为这才是目的。

互相沟通和倾听

在我看来，第一步应该从一切皆有可能，性不是义务，而是共识、探索和默契的这项公设开始。若两人之间存在沟通问题，可在某一时刻加以调解，实现关于性的沟通，这就像一个巨大的禁忌话题终于得以表达。说到这个，我想起来之前帮助过的一对夫妻，我调解了几个星期都没有真正获得成功。女方想离婚，但还有些犹豫，虽然她坚持找人照看他们的孩子。男方则想劝服她，尤其想弄明白离婚的原因。他怀疑自己的妻子爱上了别人。我们交流了各方面的观点，但有一种房间中央有一只巨大的粉色大象*，我们却不可以谈论它的感觉。事情一直没有进展，直到我提出了一个问题："在你们的关系里，哪一点让你们格外惊讶？"女人立即回答："他太强的性欲。"对，就是这个！当然这一刻对他们来说很尴尬，但却是前进的关键一步。事实上，他们的性一直在往丈夫的性欲方向发展。而男人以为他的妻子对他们的性关系相当满意，从没想过他们之间的问题会和性有关。当她的丈夫了解到真相时，他极为沮丧。他说自己非常爱妻子，他为自己从没能，也从没想看到这一点感到抱歉。男人向女人请求再给他一次机会。不幸的是，即使女人还爱着男人，她对他的看法也已经改变了，她对他们的关系失去了信心……这个故事的结局是悲伤的，但它揭示了沟通（和信心）的重要性，即能告诉彼此喜欢和不喜欢的东西。这对高敏感人群而言更有意义，因为高敏感人群通常既想取悦对方，又害怕被对方抛弃，或害怕伤害对方，同时他们还拥有感觉高敏。

---

* **有个著名的心理实验，参与实验的人被要求不去想一头"粉红色的大象"**，结果没有人能做到。无论怎么努力，大家的脑海里都有一头粉红色的大象。——译者注

第一次相遇练习

● **练习目标：** 当两人之间的信任和默契消失时，回归坚实的恋爱基础。这个练习让你做独立于对方之外的自己，让你和自己的欲望相连，并更好地把自己的欲望和伴侣的欲望区分开来。

● **操作步骤：** 假装你们现在是第一次相遇。想象你们相遇的地方，运用周围的事物来营造一个让你感到舒适的环境（例如一点音乐和两杯酒或许能让你们想象自己在一间酒吧），然后开始交谈，就像你们还不认识对方一样。分享你们的爱好和计划，提出你们对恋爱的期待，你们想要什么，不想要什么……如果这个练习对你们来说有困难，你们完全可以通过社交网络或即时信息来讨论这些话题，就像刚开始互相认识对方一样。重新认识对方后，你们也许会想开始你们的第一次约会……

保证在一起的时间

沟通只是一方面，你们还需要预留一些两个人在一起的时间，让你们可以拥有幸福的性生活，并产生想要在一起的欲望。毕竟，如果你没有想跟他在一起的欲望，又怎会对他产生欲望呢？如果说这个建议对所有情侣适用，那么它对你和你的伴侣来说尤为重要，因为你们必定有这个非典型人群身上常见的需要：需要觉得彼此相连，两人之间有一种特殊的联系，发展一种独特的默契。当然，这只有你们在一起才能做到，而不仅仅只是一起过性生活。

日程表练习

- **练习目标：** 为你们预留一些高质量的共处时间，就这么简单。
- **操作步骤：** 拿出你们的日程表，安排一些两人共处的时间，没有孩子的打扰。可以安排在一周之后、一个月之后或者一年之后……选定具体的时间和你们要一起做的事，就只有你们两个。这个时间可以是在孩子睡着后的一小会儿，也可以是你们一直梦想的旅行，都可以。安排好你们的幸福时刻，把它变成一种习惯。

重新思考一下性别歧视

我们所有人都内化了一些性别上的偏见，尤其是在性上面。一个典型的例子就是认为男人的性欲比女人更强的老观念（也就是老生常谈的性需求），女性则更需要浪漫或温情。然而，从这个角度思考性对你们的夫妻生活绝对是有害的，因为试图拿一种没有依据的标准去衡量你们必定会让你们互相猜疑，徒增压力，并把你们幽禁在更狭窄且不符合实际的框架里。这种带有强烈性别歧视的性观念，会因为你们的高敏感而带来更大的伤害。的确，对于很多高敏感男士来说，这种表现型的性观念通常会变成一种压力，完全不同于他们真正的需要。对他们来说，最重要的是吐露真心，与对方交谈，感受到信心，才能真正地享受一段性关系。我们大多依旧认为这是女性的特点，这是多么大的偏见啊！

罗斯的话

他在网上查了一下，根据网上提供的信息，夫妻一般每周有三次性生活。此后，他认为我们已经是一对老夫老妻了，应该多尝试一下性生活，因为这是时下的流行。问题是，我一点兴致都没有，而他仍会认为我有障碍，我性冷淡。我不知道他在哪儿找的数据，但谁能相信我们必须一周有三次性生活？老实说，不仅只是这个原因：每天晚上我都很累，而白天我也得忙着工作。我不知道其他夫妻是怎样的。

像罗斯说的这些话，我在职业生涯中听过好几十次，说明很多人都在寻找一个标准，一个在性的方面让自己心安理得的方式。这在如今我们生活的社会里相当普遍：比起直接向我们的伴侣提问，或者在我们自己的内心深处找答案，我们更喜欢在别处寻找答案。这个问题的关键其实是要知道你们的性爱方式是否适合你们，不用管别人，也不用管数据或网上的信息。这份随波逐流的压力，再加上想要找到属于你们自己的道路的压力（你们的独特性），可能会对高敏感人群造成困难，他们会觉得异常受阻，而性爱其实需要一定的放松，从而让人感到舒适和自信。另外，不少天赋异禀的人会发现自己常因为表现出的特殊天赋而遭到指责，即使是在亲密关系方面。他们需要理解一切、掌握一切、控制一切。

你们的任务是明白不止有一种看待性和体验性的方式，性会随着生命进程不断变化，（只要两人达成共识）一切皆有可能。也是在理解了这一点的基础上，你们才会接受两个人欲望不同的事实，从而再次充满自信、毫无评判地相互沟通彼此的需要。这经常是非典型人群，尤其是高敏感人群唯一需要做到的事：能够感受到信心，从而在亲密关系里充分绽放。作为高敏感人士，你可能已经感觉到了：对你们和很多其他情侣来说，献出你的心比献出你的身体重要一千倍，即使你的身体对别人的抚摸和关注非常敏感。这首先是一个链接的问题，和对方链接、和你自己链接、和大自然链接、和世界链接、和生命链接。每个人都有自己的性。

需要记住的内容

◇每对非典型恋人都有自己的特点。没有能让恋爱关系幸福的统一模板和万能钥匙。而恋爱始终需要付出和合作。没什么是既得的，只有尊重彼此的特性和脆弱，你们才能得到幸福。

◇为做到尊重彼此的特性，首先应该试着认识它们，超越教育和社会约束。如果说这需要解构我们多年来学会的东西，那么认识自我和对方还需要学会用另一种方式沟通，你们首先要做的就是用语言表达出你们想要或不想要的东西。为此，你们需要提前做好工作，圈定你们各自的期待，防止你们产生情感依赖，并意识到幸福其实源自你们自己。

◇非典型人群的恋爱关系能否丰盈而幸福还取决于你们两人间是否有强大的默契和一定程度的性爱。而这两者都与共情能力、同情心和善意地表达各自的需要相关。

第四章

当关系变得太复杂时

所有愤怒情绪的核心都是一个未被满足的需求。

——马歇尔·卢森堡，《语言是窗户，或者是墙》

有时，即便两人带着好的愿景，尝试了所有的练习，遵从了所有的建议，付出了一切努力，他们之间的关系还是可能会变得复杂。原因在于，尽管他们相爱，但两人的差异随着时间不断地扩大，直到形成一道沟壑，所有的困难似乎都无法逾越。许多非典型恋人不得不面临这样的困境，特别是他们的独特性让本已艰难的状况变得更加紧张。但面对冲突，即使有力量的博弈，关系变得紧张，也并不代表应该分手（还好如此）！然而，如果关系变得有毒，有时除了分手也别无他法……

当差异形成一道沟壑

蜜月期后，我们有时会在对方身上发现一些之前没有注意到，也没想到过的差异，或许我们当时也没想去注意。这些差异通常会在情侣间的平衡关系发生变化时，以及当我们觉得为了获得幸福，必须做出改变时显现。

托马斯的话

我曾以工作为重，想让我的家庭不虞匮乏、不愁衣食，所以我疯狂地工作，不管任何其他的事。这可能是因为我的非典型：我经常站在妻子和孩子的角度，感受他们的需要，这么做也很适合我，因为我自己也需要自由。然而，我妻子却很难接受：她经常指责我没有时间，这让我感到窒息。而且久而久之，我待在家里就难受：家里没有我的印记，孩子们只要妈妈……无论我做什么，总不能如她所愿，她总希望我做得更多。于是，我就埋头工作，因为这是唯一让我觉得我很有用，而且做得好的事。每晚，为了缓解压力，我会去见我的表哥；周末，我就去打手球比赛。我承认我确实忽视了她：我工作得太辛苦，我想让自己开心。我没有太在意她是否幸福。她不停地抱怨，我们不断地吵架，再不断地和好……这不就是所有夫妻的常态吗？有一天晚上，我回到家，发现她拿走了所有的个人物品，把离婚协议书留在了桌上。我像被狠狠地打了一巴掌，但同时我认为这是她最好的决定。也许我在内心深处也等待着这一天，也许这样我们会更幸福。我们都想结婚，但我不知道结婚是不是适合所有人。

面对差异的非典型恋人

我觉得托马斯的话特别有说服力。他无法在绽放自我（个人主义）和迎合他人（从众主义）之间找到平衡。他的婚姻最终没能复合。他的情况绝不是个案：要找到这种平衡从来都不轻松，这要求同时考虑双方对这段关系和对个人持续发展的需要。在寻找两人间的平衡、克服差异时，非典型恋人经常会面对双重现象：

- 一方面，在个人主义和从众主义之间找到平衡的需要可能会带来极大的不适，因为他们比其他恋人更加清醒：他们会看到事物本来的样子或他们希望看到的样子。
- 另一方面，他们可能会质疑一切，不循规蹈矩，不向权威低头，或至少质疑权威，并用自己的个人价值观审视权威。我们经常在高敏感人群和高潜力人群当中发现这种特性，前提是他们充分了解并接受自己，并足够自信。他们更容易质疑所谓的从众主义和社会的枷锁，这其实是一种实力。

恋爱时的改变：可能会是个难题

非典型恋人和其他的恋人一样，会像个体一样发展进步，按照自己的节奏，满足自己的需求和欲望。这很正常，因为即使他们的非典型是普遍的，他们仍然保有自己的个性、独特性和敏感性。然而，当两个人以不同的方式发展，关系就会变得复杂。举个例子，如果你痴迷生态学，你一定会花几小时、几天、几个月，甚至几年的时间去发展这个爱好，你自然也会极力把生态理念投射到你的生活当中（提倡零排放、拒绝乘飞机……）。总之，非典型人群为了改变一些事，喜欢寻根问底。这是一件好事：他们经常有隐德来希*，或者说是一种生命力，推动他们不顾一切地为了改变而（以多种方式）奋斗。问题是，只属于你自己的选择，可能会被你的伴侣化为责备（“你承担得不够多！”）或牺牲。如果你的伴侣采取同样的方式，但是把所有的精力都用于关注孩子的成长，情况就会变得更加复杂，例如对你产生怨念。如此，你们两个人都

* 隐德来希是古希腊语的音译，也是亚里士多德的哲学用语，原始的意思是完成某种目的或潜能。

迅速且充满热情地变化，但却是在不同的领域里。因为很难在同一时间全面发展，你们两个都会优先去做当下最重要的事。你当然可以向对方迈出一步，这也是极大的挑战，但你的非典型往往会阻碍你的理性思考：“最重要的是我们的孩子，你不这么认为吗？”以及“为了孩子的成长，首先要解决我们自己的问题”。结果是你们之间只进行无声的对话，并可能由此产生沟壑，造成难以消除的误会。这种情况也会发生在我们身上，两人改变的速度不一致，这完全正常。如果你们其中一方在某一领域发展得比对方更快，从而想去说服对方，往往会是徒劳。

从表面上看，这个问题似乎无法化解，但和另一个非典型人士恋爱有一个优势：双方变化的方式相同，只是变化的领域和时间点不同，所以比较容易化解恋爱中两人刚出现的分歧和由此产生的问题。甚至有时只用给对方一点时间来思考这种变化，不用强加于他（这样也不好），给他提供一些思路，并且相信他。

小贴士

和神经性典型人士一起改变

如果你和一个非高敏感人士一起生活，双方各自的变化可能会更难让对方接受。的确如此，因为你们的思维方式极为不同，两个人的变化强度也不同，甚至你的伴侣会有不再认识你的感觉。因此，向他说明你的思维方式至关重要，这也是最难的地方：比如，天赋异禀的人的元认知*往往比较薄弱。因此，一方面他们变化得很快，大脑转得很快，但另一方面他们意识不到发生在自己身上的一切。

问题是如果你不花时间想清楚自己的思维逻辑，也不向你的伴侣解释说明，他不仅不能理解你，还会做出自己的解读。所以要花时间和精力去自省：回顾你的足迹从而看清你走过的路，并用语言表达出来向另一半说明。

* 元认知是一个人解释自己的思维的能力，是分析自身思考过程的心理活动。

我自己也曾这样。我的丈夫和我都属于高敏感和天赋异禀人群，不论在个人生活还是夫妻生活中，我们都会积极正面地考虑到这个因素。我们有了孩子之后，日常生活中的情感强度不可避免地再度增加。

当然，每个人的情况不一样，但我们的情况很清楚：我们要从多个方面适应这个如此与众不同的非典型孩子，或者说是如此出色的孩子。可以肯定的是，有了接受自己非典型症的经历，作为父母的我们能更好地接受自己的孩子。

一个让你们的差异变得有价值的练习

- **练习目标：**在伴侣的差异中发现美的一面，从中获得启发，使之成为一次美妙的学习经历，同时也能让他获得启发，两人相互促进，鼓励自己发现对方身上的长处，并将其运用到生活当中。
- **操作步骤：**告诉自己你最喜欢对方身上的哪些特质，对方身上的哪种特点能启发你，让你也想在自己身上发展这种特点。为此感谢对方。然后，培育这种性格特点，从而让它产生积极的影响。例如，你喜欢他的冷静和耐心，就要接受他在一些事情上没有像你那么有活力，不要去催促他。

为了让这个练习变得轻松愉快，你可以把一个性格特点哼出来、唱出来、舞出来、画出来……你也可以放大你的某些性格特点，用来自娱自乐。

跨越差异的几个方法

对非典型恋人来说，最大的困难之一就是学习接受强烈的差异。的确，如果说所有恋人都存在差异，那么非典型则会加剧他们之间的差异。所以必须要重新审视沟通、信任和默契的基础，才能完全接受你们的差异。

找出你的欲望背后的需要

区分欲望和需要的目的是打开新的大门，找到新的解决方法，如果我们始终困在自己的欲望里，而不去深挖背后的需要，就永远无法做到这点。

比如，如果你疯狂地想吃巧克力，这是一种欲望，而不是需要。试想如果你的橱柜里没有巧克力，那现在就不能满足你的这个欲望。试着挖掘隐藏的需要：你是不是饿了？如果是，就可以吃一些柜子里有的食物。你是不是需要安慰？如果是，没有别的东西能满足你吗？你缺镁吗？那你肯定能找到另一种补充方式。困在欲望里会让你丧失很多可能性，因为你实则困在一种想要逃离的强烈情绪里（当吃巧克力变成一种执念）。

这本身就令人沮丧，而如果你是非典型人士，这种情绪会更加强烈。你一定更难投入别的事情中，或者你会把执念转到另一件事上。在巧克力的例子中，你会感到非常沮丧，因而产生愤怒或悲伤，甚至两者都有。这些情绪会变得异常强烈并占据你的心，欲望会引发沉重的情绪负担。问题是，如果你不知道如何和你的情绪同行，或者你无法做到，你就会试图管理、控制或逃离它们。其结果就是，要么你会对其他任何让你沮丧的状况感到恼火，要么为其他的事感到崩溃，抑或更快地失去耐心，这样会让你在原先沮丧的基础上再加上强烈的挫败感、负罪感和自我鞭挞。这还只是一个小甜食的例子：试想当这种情况发生在你俩之间，你们有不同的欲望并无法满足！你们会多么沮丧、多么愤怒、多么恼火！所以，一切的关键都在于找到欲望背后的需要：你和自己相遇，询问自己真正的生理和情感需要，然后你就有机会（一个人或和伴侣一起）找到解决办法，并获得真正的满足。

不要不惜一切代价地占理

面对让恋爱关系变得脆弱的差异，我们往往不惜一切代价地想要占理，但这正是要规避的态度，取而代之的应该是坦诚。许多恋人都是如此。在调解中，“总之，你什么都不懂，你什么都不了解”，还有“不行，你做这样的决定太情绪化了”之类的话，我已经不知道听了多少。这些话只会增生我们的恶意，或者想赢的决心。有些人甚至会在无意中撒谎，出于习惯、生存本能，或是愤怒等。无论我们在这件事上的态度如何，随之形成的力量博弈都会深深地伤害恋爱关系，尤其是对非典型人群而言。

如果你之前曾经如此，你一定会发现力量博弈会撼动你心中坚守的价值观：互相尊重、平等或基本的公正。你当时可能有不被倾听或不被理解的感觉，你可能也会觉得你的伴侣完全不值得尊重，这些不断循环往复的内心独白放大了你的感觉。你也会有这样的感觉：你的大脑已被塞满，而对方还想往里面加东西，太过分了。这种反应一点都不奇怪，非常正常。你的大脑按照“非黑即白”的系统运作，很难找到中间地带。如果你在情绪上也很难接受，那就更不可能找到中间地带了，我们在和伴侣进行力量博弈时就总是如此。

力量博弈对恋爱来说是有害的，因为它几乎总是会对对方造成自恋伤害。自恋伤害是指因为不被爱而觉得自己不被人尊重的感觉，会导致自信心的缺乏，同时也会丧失对对方的信心，在多数情况下还会感到背叛和沟通的破裂。这种情况下，恋爱当然变得岌岌可危……我还没提暴力行为，比如辱骂和殴打，它们会造成更严重的后果。

小贴士

力量关系是如何形成的？

通过我的阅读和经验，我了解到力量关系是身份基础的一部分，它存在于所有领域：广告、政治、媒体、社交网络……在社会关系中，它不总带有故意指摘、制服、操纵或伤害对方的目的。

恋爱有一定的功利性，至少存在于有这种观念的人心中。他无意识地用它来保护自己的内在，隐藏家族秘密，展现自己良好的形象，保护某人、某件事或自己，留住亲近之人的爱……我们很容易理解这种本能反应。而力量关系则会慢慢地打碎信任，并在人与人之间凿开越来越深的沟壑。

努力重建信任

当力量关系造成你们之间的不平衡时，只有事先重建信任，才能重启你们的对话……为此，我建议你们做一个小练习，能让你们选择正确的时间和地点处理你们的分歧，并理解你们的差异。

一个重建信任、缓和力量关系的仪式

当你们讨论一个敏感话题，持有不同意见，或觉得你们之间的紧张程度在上升时（高敏感的优势就是能很早地察觉到这些），你可以立刻启动这套仪式：

●选择好说话的时机

讨论的时间要避免选在一天中你因为噪音、人群、孩子、精神压力等而应接不暇的时段。

●关注你的安全感

现在是合适的时候吗？暂停一下，就像待在一个时间不会流逝的舱里，你们只专注于对方。同样的道理，将你们的对话地点也仪式化：为了谈及当前的冲突和分歧，选一个你们两人都觉得舒适和有安全感的地方（客厅的沙发、餐桌……），你们完全可以紧挨着坐。我在调解中多次发现，恋人间的物理距离越远，他们就越不愿意理解他们之间的差异。靠近一点，身体接触能帮助重建信任的纽带。

●形象化

在开始讨论之前，想象你们在一个体育场上，是哪个体育场不重要，只要是集体运动的场地即可。形象化能让你专注于一个核心的观点：你们之所以站在同一个体育场上，是因为你们是一个队的队友，而不是相互对抗的对手。请记住：想在力量上压制对方，就好像攻打自己的阵营，你们两个人都是输家。请从对方不会想攻击或伤害你的前提出发，记住他的行为一定有他的道理。

●有时暂停一下

一旦谈话开始，别忘了所有的比赛都有中场休息，而你们的谈话也需要必要的沉默来平复情绪，后退一步，能更好地在信任中沟通。别忘了非典型人群的情绪会快速升级。要给他们时间去缓和情绪。

不要执着于你自己的真相

两人吵架的时候，我们经常争论孰是孰非，讲自己的道理，甚至控诉对方说谎。然而，我们其实经常以符合自身利益的方式去阐述事实。所以，对错不那么重要，因为它是主观的。在一些情况下，我们自以为看穿了一个谎言，但其实它就是对方心中的真相，只是我们无法总在第一时间理解。认识到这一点很重要，特别是高敏感人群。许多神经性典型人士经常会觉得高敏感人群很夸张，喜欢添油加醋，过度篡改事实和情绪。实则不然：即使两个人面对同一场景，他们的描述也不同。不过，用不同的方式更强烈地去感受、分析和生活在这个世界上，你一定会像非典型人士一样，用不同的方式解读你的经历，拥有另一个真相。所以，大声斥责对方说谎没有任何意义，甚至有可能会导致对方自我怀疑或自我封闭。

而且，如果你觉得伴侣在向你说谎或怀有恶意，你们之间的沟通会立即出现偏差。无论他给你怎样的回答，你肯定都听不进去，你甚至会通过说谎来证明自己是对的，让对方听你的。结果就是恶性循环。你越觉得对方在骗你，就越想证明自己说的才是事实，甚至不惜做一些篡改，对方也会在这条路上越走越远。如果采取这种态度，你就无法接受那个和你有差异的队友，并且完全把对方当成了对手。当那些困在这个死胡同里的恋人来找我咨询时，我给他们提供了以下两个具体的方法：

- 减少对问题本身的关注，去寻找背后的需要。这能让对话聚焦于本质（需要），而不是表面事实（真相）。当我们谈论需要时，我们要知道这是主观的，无须裁决对错，每个人谈论的都是自己；

- 试着积极地包容差异。为此，你们可以一起试试桥梁沟通练习（见下文），从而理解对方的真相，并意识到真相可能不止一个……

跨在沟壑上的桥梁沟通练习

- **练习目标：**试着站在伴侣的角度就一个微妙的、敏感的和复杂的话题进行沟通，旨在通过共情更好地了解对方的真相。
- **操作步骤：**为了能心平气和地谈论这些话题，选择一个你们两人都有空的安静时刻，并且做好改变态度的准备。然后开启对话。从你们两人都不占理，或者都有道理的前提出发。认真地倾听对方，倾听他的需要和顾虑，正视他的情绪。为此，试着代入到他的日常生活、责任义务、精神压力和思维方式中。你们可以：

→**尽可能地贴近现实生活，**在几小时或几天的时间里交换家务、床上睡觉的位置，以及日常生活中承担的责任。

→进行口头上的沟通，从描述对方的一天开始，就好像是你自己经历的一样。你必须做什么？你承担了哪些任务？你一天吃什么？你接下来做什么？……

一旦你在对方的位置，感受到对方的责任，从他的角度重新思考让你生气的话题，你会发现事情将变得有所不同。当然，别忘了要两个人一起做这个练习，从而在隔开你们的沟壑之上建起桥梁。

如果恋爱变得有毒

有时，除了冲突和误会，恋爱还有毒性。如果说毒素在恋爱关系中会以多种方式蔓延，它同样也能渗透到所有的关系之中，无论我们是不是非典型人群。不过确实是高敏感人群和天赋异禀人群更容易触及这个话题。的确，非典型人群更容易吸引到有毒的人，他们自己也更容易因为强烈的情绪而成为有毒的人。要说清楚的是，不是所有的关系都有毒，而且毒性有不同的强度，对关系造成的影响也不同。最后，有毒不一定代表带有暴力或自恋变态。

一段有毒关系的三种程度

我建议你把毒性强弱比作烧伤程度，根据受伤严重程度和对人体健康造成的伤害分为三个等级。这样你能更好地辨别那些对你来说有毒的人。

恋爱有毒程度的第一级是谎言

在此阶段，撒谎的目的不是掌控对方，而是保护自己、化解纷争、避免伤害对方等。在第一级，也会有一些情绪冲动下做出的批判，会惹恼或伤害到对方。如果你感觉你们的恋爱正处于第一级有毒程度，就要明白，只有当撒谎的行为不断重复时，才会让关系变得有毒，并且会出现其他令你不安的信号：你开始感到不适、不敢做自己、不知道怎么说话，最终，你和你的伴侣开始变得疏远。面对第一级的有毒程度，前面提过的建议和练习能帮到你们，前提是你们是出于好意，不愿故意伤害对方，同时两人之间还有许多好感。

恋爱有毒程度的第二级是报复心

在此阶段，两人之间有很多的难言之隐，因为双方都难以释怀，争吵时进行力量博弈，双方都不计一切代价地想赢得胜利，即使伤害对方也要赢。在第二级，即使是在冲动下说出的话，也是双方刻意挑选的语言，用来攻击对方，从而辱骂对方、侮辱对方、矮化对方。如果你感觉你们的关系处在这种程度，就要注意搜寻相关的标志：你觉得这不正常，你对伴侣失去了信任、你怕类似的行为再度出现、你害怕做自己、你不得不抹杀自己，甚至牺牲自己。两人的关系会长久地失衡，直至影响到你的自尊。你甚至感觉两个人在一起都很难受。要记住：这样肯定是不正常的。

恋爱有毒程度的第三级是摧毁性暴力

在此阶段，一方会在心理、经济、生理、性关系等各方面压制另一方。我们很容易想到操控、暴力、臣服或自恋变态。如果对方是自恋变态，即使持续时间很短的一段关系也是毁灭性的，完全不可能和这样的人谈恋爱。这种情况下不存在爱，也不存在尊重，只有对权力的争夺。逃离这种类型的关系很有必要，因为这是关乎生存的问题。

参考：情感暴力表*

享受 你的恋爱关系是健康的，当他……	尊重你的决定和品位
	接受你的朋友和家庭
	信任你
	当你感到幸福时为你高兴
	对于你们两个人一起做的事会征得你的同意
警惕 **喊停** 你的恋爱关系里存在暴力，当他……	生气时好几天不理你
	在你拒绝做一些事的时候威胁你、强迫你
	贬低你的意见和计划
	当众嘲笑你
	操控你
	总在吃醋
	限制你的外出、着装和装扮
	翻查你的短信、邮件和手机应用
	坚持让你发一些私密照片
	不让你见你的家人和朋友

* 情感暴力表是于贝蒂宁·奥克莱尔中心于2018年年底研发的预防工具，用来提醒年轻女性注意家庭暴力。

保护自己 **寻求帮助** 你处在危险之中，当他……	在你指责他的时候把你当成疯子
	不高兴的时候“原地爆炸”
	推你、拉你、掌掴你、晃动你、打你
	用自杀威胁你
	在你不同意的情况下碰你
	威胁说要公开你的私密照片
	逼迫你看色情电影
	逼迫你和他发生性关系

如何预防有毒的关系

事实上，哪怕你的伴侣不是一个有毒的人，也不代表你们的关系不会朝这个方向发展。的确，有毒关系的第一阶段很容易覆盖到所有恋人，尤其是高敏感恋人。你在极力讨好对方的过程中，可能就会忘了你自己的需要，这不仅对你的个人幸福有害，也对你们的恋情有毒。对你们来说首要的是，通过以下几条建议，避免在有毒关系里跌倒。

不要当法官和原告

在了解清楚你的伴侣的观点之前，避免把所有的过错归结到他的身上。如果你的另一半在这样或那样的事上没有帮助你，不一定就是他拒绝为你做事，或是他不想取悦你。你可以试着问问他，为什么他这样做，并给他思考的空间。我在调解的时候经常听到这样的话：“我不想用吸尘器打扫，那没什么用，她会在我打扫之后再来一遍。”这完全可以理解，因为当我们知道，对方会立马把我们做的事重做一遍的时候，就没多大意义了。即便如此，你也要尝试避免过度解读对方的行为，执着于你认为的事实，虽然这需要你克服自己的高度共情力。

接受事实，对方不一定总能理解你

现实中，即使你和伴侣交流时带着百分百的善意，你也不一定总能理解对方的意思，但这并不代表他不爱你。很多高敏感人士担心会让对方不高兴，并陷入反复的思量和情绪波动：“我今晚不想出去，他不理解我，他不想让我改天再出去，他有可能觉得我让他难受，所以我要尽量避免争吵，防止他对我有意见，因为他不能理解我。”如果两人无法达成妥协，就告诉他无须理解你，尊重你的决定就好。

别忘了你是谁，以及你想要什么

妥协当然是必要的，但要避免扮演殉道者的角色。如果你必须牺牲点什么，那就衡量一下自己要付出的代价，并把这个代价讲出来；这就是你自己的选择，而不是对方的。假如为了追随你的配偶，你要搬到另一个城市生活（比如因为他的工作调动），你就没必要在吵架时端出这件事，因为这是你自己的选择，你如果这样做，可能会影响到你们的关系。

不要把一切都混为一谈

两个人争论时，没必要牵扯到另一场争执中的话题。比如说，你的另一半吃醋跟孩子并没有关系。因此要注意不要多加指责对方，一次只涉及一个话题，尤其要展现出同理心。被人指责的感觉非常难受，尤其是对于具有超强同理心的人来说（出于镜像神经效应）。

小心用词，如果出口伤人，该道歉的时候要道歉

如果怒不可遏的那个人是你，那很少会是对方的错。

要么是你的期待太多，以至于表达不出你的烦忧，要么就是你的性子太急。无论哪种情况，和你共同生活的这个人都值得被尊重。如果此时的情绪太激动，最好延迟讨论，或为你的用词向对方道歉。

如果沟通不畅，可以寻求帮助

有很多有能力的专业人士可以依靠：精神科医生、心理治疗师、心理咨询师、心理教练……寻求帮助并非无能的表现，相反是智慧的表现：承认局限，从而更好地打破局限。

要诚实

我本可以一开始就说这一条，但其实这是最难实施的一条建议，因为要对对方诚实，首先应该对自己诚实。争吵中长期以来的不诚实，通常会导致对方对自己失去信任。所以要诚实地说出你的疑虑，或表明你感觉自己迷失在了情绪里，并要懂得心怀善意地接收对方的诚实。别忘了必不可少的真诚需要：如果你感觉对方不诚实，或者你自己没办法做到诚实，那你们之间的关系就会受损。

当争吵变得有毒

假如我们可以竭尽全力地预防有毒的关系，有时也很难避免在恋爱关系中做出过分的事。显然，争吵在所难免。所有情侣，无论是不是非典型恋人，都会有冲动的时候。但是，当争吵演变成习惯，超出了其中一方或双方的接受范围，恋人间的冲突也会变得有毒，就像下面埃利奥兹说的一样。

埃利奥兹的话

我们两个人都热情似火，这份热情一直点燃着我们。我们两个人都很敏感，无论是日常生活还是性生活，我们每天都过得很热烈。这是一段强烈的、激情的、奇妙的关系。一开始我们很少吵架，即使有也会很快过去，我们的注意力很快会转到其他的事情上（我们两个都很讨厌冲突）。但我们为了避免冲突也承受了很多，几年后还是产生了难言之隐，相互指责，就像两把尖刀刺向对方。简单来说，匕首已经插进心里了。只要三两句话就能掀起波澜，但我们却打算什么也不说，这样其实更糟糕。最后，我们之间有了许多怨恨，直到双方都对对方产生了强烈的反感……挺奇怪的，但我们就这样分手了，互相深深地厌恶着对方。

（对你来说）什么是可以接受的冲突？

如果说我在此提及冲突的可接受性的问题，那就是我认为两人之间存在暴力常态化的现象。我在咨询中遇到过许多吵架的情侣，这是自然，但他们只知道争吵这一种沟通的方式。人们想让我们相信，和自己的另一半争吵有利于夫妻关系的健康发展，正所谓床头打架床尾和……但事实并非如此，尤其对非典型夫妻和高敏感夫妻来说，更非如此，因为他们的情绪记忆更强。他们会更长久地记得艰难的时刻，带着更多痛苦的感受和情绪。

在此背景下，每个人都有自己的接受度，这非常正常：毕竟，一段有冲突的关系会产生强烈的情绪，消耗生命的能量，在习惯性吵架的夫妻中也是如此。我们每个人在争吵中耗费的时间和精力不同，有时耗费的时间和精力太多，就会产生毒性。

避免冲突变得有毒的几点建议

为了化解冲突，避免毒害你们的关系，请遵从以下几点建议：

试着退一步

每个人都会有烦恼的时候，但不要因为你的伴侣或你自己的烦恼而动气，甚至还可以做得更好：接受他的反应。毕竟，接受对方有不同的思考方式和表达方式，也就意味着允许你自己有不同的思考和表达方式。

说出你的痛

即使你时常感到失望，也不能让你在争吵时感受到的情绪变得稀松平常。相反，这些情绪能提示你，你的某种或好几种需要没有得到满足，或者你的某种价值观遭到了嘲讽、你感到恼火。试着说出你的情绪。这不仅能以积极的方式外化你的情绪，还能让你的伴侣更加意识到你的情绪，从而找到满足你的需要的最佳方式。

分析你的感受

如果你在争吵时难以说出你的感受，那就一步一步地来。

- 1.试着用非常客观的方式**描述你身体的感觉**（鸡皮疙瘩、体温升高、浑身颤抖、焦虑不安、头晕目眩……）。这一步能帮你冷静下来，然后才能更平静地说出你的情绪。
- **2.说出你的情绪**。为了表达出你的情绪，你可以运用情绪轮盘，可在网上下载打印。它能帮你找到最贴切的词来描述你的感受。还有一个方法，找一个近义词帮你提炼你的思想。这会对你选用有意义的词非常有帮助。

让你们的争吵变得积极

是的，冲突也有积极的一面，比如可以让一个停滞的话题有所进展，让你们提高沟通的能力，学会用另一个角度看问题，或是为你们能够互相倾听对方而感到自豪，等等。所有事情都能用积极的眼光去看待，即使是最困难的事。对高敏感人群而言，发展乐观主义精神尤为重要，因为你们一定会带着强烈的情绪，反复地回顾发生过的事，有时会产生精神内耗。

和对方的情绪保持距离

在镜像神经元的推动下，我们经常会“复制”对方的烦恼。因此，争吵时不要立即做出反应，先倾听，并意识到对方肯定会影响到你的情绪。如果你平静了下来，做好了和对方共情的准备，并随时准备倾听，那就帮助你的伴侣也恢复平静。

倾听对方，但不要把自己当成受害者

当你的伴侣谈论自己，提到不顺心的事和他的愿望时，你的反应可能和大多数人一样：要么你感觉受到了攻击，于是立即展开防御；要么你也打算开始抱怨，开始互相比惨，各自计较得失。

无论哪种反应，都一定会对沟通产生不利影响，进而会影响两人之间的关系。所以，重要的是那个谈论自己的人要用“我”讲述，而非“你”（“你”会杀死沟通）。但这也需要那个倾听的人懂得拉开距离，明白其中承载的情绪。

积极倾听，就是和你头脑中的事情拉开距离（不去辩驳，也不寻求“客观的”真相，并且不把所有事情都当成自己的事），注意力完全集中在你的伴侣身上。

不要争论

当对方和你的观点不同时，你可能就会想与之争论。这一自然反应源自我们的文化和教育推崇逻辑胜过情感。因此，根据现行的社会标准，夫妻争吵中辩赢的那一方占理。例如你们争论孩子的教育问题，其中一方提出了无法辩驳的论据："大家一直都是这样做的，所以应该和所有人做一样的事。"另一方可能觉得这么做不合适，但不知道如何解释，同时感觉自己无力推翻这一论据。

然而，来自敏感的论据，以及高敏感人群常用的对感受和预感的描述经常不被接受，甚至被嘲笑。假如你只能用直觉来说明你的选择和决定，你就会觉得自己没有被倾听，因为很少有人会真正在乎一个人的直觉，尤其在冲突当中。于是，你会觉得你的感受遭到了嘲弄。要记住，如果要避免争吵变成博弈，就必须为感受正名。

更笼统而言，我请你考虑一下情感上的论据，因为我们所有人都一样：有时，我们不知道怎样解释说明一些事情，我们不理解它们，但就是感觉不对劲。那就给对方表达感受和情绪的机会，不要陷入争执和辩论。一方面，这能让你们展开非暴力沟通，从而产生更多的善意；另一方面，也能让你懂得伴侣的需要，尊重他，从而有新的解决思路。

当毒性来自其中一方

如果说恋爱关系中的毒不来自关系或冲突的发展过程，那么它有可能来自恋人双方中的其中一方。就此，我认为有必要提一下，无论是谁都可能有毒，包括像你一样的高敏感人群……

小贴士

当自卑影响了我们之间的关系

自卑会衍生出对爱情强烈的期待，尤其是非典型人群。的确，许多高敏感人士说他们要谈恋爱才会感到幸福，只有这样他们才会感觉被爱。这些期待从一开始就可能营造了有毒的环境，融合需要永远得不到满足，高敏感的那一方永远想要更多。这也会导致嫉妒心，总要求更有说服力甚至荒诞的证据来证明对方的爱情。面对这些要求，对方肯定会崩溃，然后开始寻求一定的自由。对高敏感人士而言，这样的情况变得难以掌控：融合变得不可能，他会非常不适，最后变得极端，以分手甚至自杀作为威胁。

我们所有人都有毒吗？

你们之间的差异可能会深深地影响你的伴侣，尤其当他的一个特点和你的截然相反时。举个例子，假如你经常需要说话，表达你的情绪，而你的伴侣很难表达，或者脾气比较暴躁，他特别需要把自己隔绝起来来控制情绪，于是你们的两种不同的强烈需求就会相互碰撞。你有可能会对你的伴侣动用暴力，逼问他是怎么回事，为什么要做出这样的反应。你还有可能责怪他不愿意开口说话。他被逼急了，就会反过来指责你。你们的目标是意识到两人之间的一些差异不可能被抹掉，接受无法改变对方的事实，打破寻求一段完美关系的幻想，因为接受并尊重差异一直是隔绝有毒关系的防线。

另外，有一些人可能毒性很强，就像下面的科琳娜说的那样，她的丈夫有自恋变态的倾向。

科琳娜的话

他比我大十岁，别人可能觉得他更成熟，他喜欢装模作样，但实际上他还是个孩子，一个战战兢兢的孩子。我感觉到了这一点，我高度敏感的直觉感觉到了。一开始，我不想和他见面，后来慢慢地，我的朋友们纷纷对他竖起了大拇指。起先我拒绝承认他的问题，认为是自己对他缺乏信任，但几年过去后，我受够了。受够了他老批评我增加的体重，受够了他说我放任自流。他是有时间去健身房，而我要在工作和孩子的事情上埋头苦干，所以每晚回到家，我都精疲力竭。一天，我们摊牌了。他在那儿喋喋不休，说他很累，工作上有压力，说我把工作上的压力带回了家，压在了他的身上，说我吹毛求疵。我都忍下来了，因为确实有人经常说我要求太高（当然和我的天赋异禀有关）。之后的几个星期他还算好，然后又开始了新的指责，开我身材的玩笑，说我们的儿子，觉得他老莫名其妙地哭（儿子和我一样是高敏感人士）。每次都是这样：只要我忍受不了了，他就把自己当成受害者。我跟这个男人、我孩子的父亲生活了十年，但他从没爱过我，也从来不知道我是怎样的人。离开他是我做过的最艰难的决定，但也是最让我解脱的决定。

非典型人群是自恋变态的目标吗？

经常有人问我，高敏感人群是不是更容易成为自恋变态的目标。我的答案是不一定，但有高度情感潜力的人确实容易成为目标：

- 他们的高度共情力会让自恋变态更好接近。
- 他们通常很难结束一段关系，因为害怕给对方造成伤害。
- 他们的高度人性化特点通常会让他们否认和他们在一起的人其实是不健康的。他们会更想拯救对方、帮助对方，或者至少挽留对方，即使冒着成为他的受害者的风险。

事实上，无论是不是高敏感人群，我们每个人都有可能掉入有毒关系的陷阱。关系的裂缝通常产生于自卑心理，即便这种自卑只是暂时的，或仅限于某个特定的领域（专业领域、身材等）。

小贴士

什么是自恋变态？

精神分析学家保罗-克劳德·拉卡米耶在1992年第一次使用了这个词。他定义的自恋变态不是一种性变态，而是道德上的变态，涵盖了2%~3%的人。这些人通常在社会层面上大放异彩，是杰出的演说家，充满魅力、受人追捧，并从一开始就摆出帮助你的姿态。他们会被共情力强、高度敏感和有创造力的人吸引，因为他们需要这些自己不具备的品质，想要开发你的这些特质，并模仿学习，或要求你为他们做一些事。

他们乐于羞辱对方，打击对方的自信心。当然，我们每个人都可能偶尔会有一些类似的行为，但对自恋变态者而言，生活就是游乐场，而他人就是他们根据自己的意愿随意操弄的棋子。因此，他们不会有真正的悔意和同情心。他们只是假装有一些符合道德的感受，学习它们从而更好地操控这些感受。最重要的是，他们觉得自己高人一等，对自己充满自信，从不质疑自己（尤其是接受治疗时）。他们还会反过来劝服你，说你是需要咨询、需要被帮助的那一个，甚至更糟，他们会说你才是那个操纵者。

怎样摆脱他们？

想知道自己的伴侣是不是自恋变态总是比较难的。为了给你提供向导，你可以聚焦自己的感受，并提出以下这些和你的幸福相关的问题：

- 你觉得自己有自信吗？有没有受到尊重？
- 你是否感觉没办法做自己？
- 自从这个人走进你的生活，有哪些地方发生了改变？

你可能会觉得这个练习有些多余，甚至烦冗，但它是很有必要的，因此我要强调它！的确，对很多非典型人士来说，他们很难承认有些人确实是坏人，他们也很难和这些人保持距离，理性地观察情况。你是这种人吗？那就停止你的拯救者情结。拯救者情结就是想方设法地证明每个人都有好的一面，它最终只会让你折翼。你无法拯救自恋变态，你只能通过和他保持距离来拯救自己。所以重要的不是知道你的伴侣是不是自恋变态，而要知道你和他在一起究竟幸不幸福……如果不幸福，那就逃，你值得拥有幸福。

当分手无法避免

在一些婚恋关系中，尤其是有毒的关系中，分手无法避免。当我们恋爱时，我们在一段关系里付出，和另一个人一起展望未来，因而面对分手是非常痛苦的事。它是一次哀悼，哀悼失去了对方，哀悼一段关系的消逝。我们需要重新学习用另一种方式生活，习惯没有这个伴侣的生活。我们应该重新安排生活，有时要彻底从头安排，尤其当我们共享了多年的记忆、一套居所、一些朋友……

分手是一场哀悼

不要低估分手的时候我们会感受到的痛苦。许多治疗师也会提醒自己的来访者：分手的时候，你会经历与亲人逝世时相同的几个情感阶段。

小贴士

哀悼的五个阶段

根据心理学家和行为专家伊丽莎白·库伯勒-罗斯的理论模型，哀悼分五个阶段，每个阶段对应不同的情绪。

●否认

这是第一阶段。面对分手的消息，我们还在震惊当中，就像受到了当头一棒。我们不明白发生了什么，甚至觉得不可能发生。情感上极难接受，于是寻找一个出口。否认阶段让我们有时间适应当下的情况。

●愤怒

在第二阶段，因感受到不公而愤怒。我们不明白为什么这一切会发生在我们身上，我们做了什么伤天害理的事才会受到这样的惩罚。愤怒有可能导致戾气，会困扰身边的人。实际上，这股愤怒掩藏着没表达出来的深深的悲伤，以及对未来的恐惧。

●**讨价还价**

面对难以忍受的痛苦和悲伤，我们为改变现状准备好了做一切事情。面对分手，我们会做出一些保证或情感上的要挟。目的就是重新掌控局面，因为分手的痛苦对我们来说难以逾越。

●**抑郁**

这是最痛苦的一个阶段。我们接受了所有的情绪，而悲伤最终胜出，我们悲伤得难以自抑。最后我们放任自流，让精神自行对抗现实。在这个阶段，寻求帮助非常重要，因为哀悼的情绪会对我们的健康和社会生活造成重大影响。有时候这个阶段会持续很长时间，可能还会打开过去没有完成的哀悼的阀门。无论我们是不是非典型人群，比起一个人的敏感度，能否迅速度过这个阶段更取决于他的韧性。

●**接受**

我们学会了和痛苦共处，生活在一个新的现实当中，一个没有所爱之人和失去之人的现实。于是我们开始重建自己，继续向前走，重新安排我们的生活。

中心思想就是，面对分手需要时间，我们要接受这一事实。哀悼的几个阶段并非线性的，有可能会发生回转，因此要记住，在接受分手这件事上，时间是我们的战友。

分手带来的痛苦程度，显然会根据不同的人和不同的关系性质发生变化。我们越以消费主义的方式对待对方、看待爱情，我们爱的越是对方所代表的东西而非对方本身，也就越能揭露出我们的自恋缺陷和我们不爱自己的事实。结果就是分手必然会具有毁灭性。把我们自己的负担转移到伴侣身上的做法，会增加我们对对方的期待，以至于让对方窒息，这也会让分手变得难以避免且痛苦无比。

因此你有必要再投资你自己，无论是分手前夕（当你觉得事情没有往好的方向发展时），还是分手已成既定事实。再投资指的是花一些时间和你自己相处，再次发现你自己，做一些对你有好处而你可能很久都没做过的事情，或者尝试一些新事物。你的伴侣是不是从不愿和你一起跳舞？既然和他分开了，那你就去报一个舞蹈班，一个人跳舞，然后你会发现，你可以在没有他的情况下继续生活。

当高敏感人群面对分手

非典型人群的感知强度同样适用于分手，而且不幸的是，分手对他们来说会很痛苦。对高敏感人群来说（而非所有的非典型人群），一段关系的结束可以完全是毁灭性的：他们会质疑一切，有时甚至会质疑生命的意义。

保罗的话

她曾经是我的一切，甚至超过了一切。她离开我的时候，我崩溃了，我觉得我要死了，想自杀，即便我们在一起时并不幸福。我告诉了她。我们在一起时互相造成了很多伤害，你要知道我曾经有多么讨厌她。最后，我退一步想，我问自己“这真的是爱吗”。这是激情，就像电影里一样，但我们并没有因为对方本来的样子而爱对方，而是为了我们自己的需要。这两者是不同的。

当非典型加剧痛苦

为什么分手会如此具有毁灭性？为什么这些死亡的念头会出现？这跟好几个因素相关：

●**无意识的过往**

通常，死亡的念头通过无意识的过往出现。的确，据雅克·拉康所言，一段关系结束时想到死亡或自杀就是“完全把自己的身体献给了对方，以此作为和对方建立直接而实质性关系的方式，也是企图在象征意义上修复坏掉部分的尝试”。换言之，这就像我们想通过自我牺牲的方式，去填补空隙，从而建立和对方的联系。很多非典型人士说的话都能佐证这一观点。

●**缺乏自信**

这些死亡的念头同时表达了死亡的欲望（结束我们的痛苦）和通过极端行为折磨对方的欲望。恋爱分手时，和一个人说“我要结束你的生命”是对对方的惩罚：我们希望他和我们一样承受分手的折磨。从这个角度看，我们才能明白，有时我们并非处在健康的关系中。发展到这一程度的威胁，说明两个人处在融合之中（也就是前面提过的1+1=1），也说明我们没有朝个人幸福的方向发展，而是试图填补自恋缺陷，也就是缺乏自信的沟壑。当然，如果你从这一角度看问题，产生了自杀或伤害你自己的念头，就有必要去咨询治疗师了。永远不要一个人面对这些黑暗的想法，要懂得伸出手求救。

●情绪高敏

对高敏感恋人来说，分手始终带有情绪高敏的色彩。这样有时会招致周围的人的不理解和冷漠，这又会加剧他们感受到的痛苦。在难受的时候，你也许常听到别人说这些话："你太夸张了""现在就应该转移注意力""别太当回事了"……这其实会让分手更具毁灭性！承认你的痛苦很重要，即使别人老告诉你应该有哪些感受，不该有哪些感受。分手，首先是一场哀悼；面对它时，每个人的时间节点和情绪强度都不尽相同，尤其对那些有很强的情感记忆的人而言。正因为没有统一的标准，因此所有人都有相同的困难，那就是找到属于自己的好起来的方式。有一个方法可以帮到高敏感的你：滋养你的智慧。的确，你越专注于自己感兴趣的事，你的记忆越会被分手以外的其他事取代。这个方法不见得总有效果，它也不是必须做的事，但你可以多出门，去博物馆、剧院、影院，多阅读，等等。目的就是给你的大脑带来精神的滋养，从而阻止它陷进情绪的旋涡中难以自拔。

每个人都有自己祭奠爱情的方式

为了找到属于自己的好起来的方式，我们都有一种天赋，一股难以置信的力量：韧性。在心理学上，韧性是指一个人应对创伤和巨大压力的能力，尤其是能适应状况，而不至于陷入恐惧和悲伤中的能力。韧性形成于生命之初最早的几年，同时也会随着人生的经历和机遇而发展，此后我们便能在一个充满善意的环境里游刃有余。每个人都有一定程度的韧性，并会随时间和生活状况发展变化。这里说的是生理上、心理上、社会上和情感上的韧性，要知道它可能会因为长期承受巨大的压力而受损。

因为非典型人群需要更多的时间来恢复，同时他们的情绪波动更大，所以人们通常认为非典型人群的韧性较差。但我的执业经验不断地向我证明相反的事实：他们实际上很有韧性，只不过是他们表达韧性的形式与众不同。高敏感人群比神经性典型人群更容易遭受考验，他们更容易受伤，会被伤得更深、更严重。随之而来的情绪崩溃也会表现得极为夸张。但他们却时常表现出惊人的韧性。要注意，比起是否非典型，个人经历对一个人韧性的影响更大。因此，你越受欢迎、越有自信，就越容易跨越困难，即使是从高处狠狠地跌落在地。非典型人群面临的最大困难通常是孤独感；很多人尽最大努力摆脱孤独，但他们并不总能建立真诚的关系（即便他们有强烈的真诚需要），他们害怕因为做自己而被对方抛弃。于是，他们觉得自己是不受欢迎、不被人喜欢的，这会对他们的韧性造成很大影响。

克里斯蒂娜的话

他一脸平静地告诉了我，还说我应该已经猜到了。饭快吃完的时候，他向我宣布，他出轨了他的助理，就像别人传的那样。这件事已经传得沸沸扬扬了，但我还是感到震惊。我一句话也没说，就坐在桌子边上。不知道过了多久，当我回过神来的时候，他已经离开了。我砸烂了饭厅里的所有东西，地上的玻璃碎片滑倒了我，到处都是我的血。我就这样躺在饭厅的地上，对自己说，就这么死了算了。这个打击太大了，我的心跳都暂停了，我感觉不到自己的身体。我可能就这样在饭厅的地上躺了一整夜。我知道这很疯狂，也很夸张，但我觉得就这样随自己去能让我感觉好一点，也不用忍受别人的眼光。第二天，我仍感到非常气愤，但那股劲儿已经过去了。

我认为克里斯蒂娜的话可以很好地说明，发挥韧性就是要倾听自己的需要。虽然她只是找到了人生中一个问题的解决方法，这一解决方法并不能应对所有的情况，但克里斯蒂娜能直达自己的内心并理解自己的需要，这就是最关键的，也能让她继续前行。但不是所有人都能这样：要知道如何应对并不容易，知道如何把自己完全交给自己的感受也不容易。经常有找我咨询的非典型人士说怕自己会变成疯子，好像控制自己能让他们不至于进精神病院。他们害怕他们自己，因为人们总让他们相信，他们的反应是不正常的，是完全丧失理智的，他们最好能自我疏导。而实际上，很多非典型人士并不带有怨念，当他们解放一切时，他们会哭出来，或运用一些技巧来表达自己。

带有压力的分手

如果说非典型人群有时会害怕自己面对分手的反应，那么痛苦中的他们还有另一重担忧，会让分手变得更加艰难，那就是社会规范。

分手也有规范

的确，即使是一对恋人分手，他们也会感到压力，觉得必须做应该做的事，要符合社会规范。分手后应该迅速恢复，不能放任自流，至少不能公开表现出自己过得不好的样子，分手时应该“表现得很好”。对一些情绪高敏的非典型人士来说，必须处理好他们的分手本身也是一项颇为痛苦的压力，况且这一压力不符合他们的独特性，他们的独特性永远会推动他们思考如何做出深刻的反应，如何考虑到所有可能性，因为他们害怕欺骗自己。他们会觉得一切发生得太快，总想按下暂停键，在分手的龙卷风中喘一口气。相对的，有一些非典型人群会责怪自己太快地结束了一段感情。我在执业中发现，那些具有高智力潜能的人，或者有自闭症特点的人（当然不具有普遍性）能在几天之内从分手中走出来。

这也是为什么我总在强调，对于祭奠爱情这件事，每个人都有自己的时间节点和面对痛苦的方式。如果你正在经历一段复杂的分手期，你的目标就是不去在意社会规范，用你自己的标准重新思考关于分手这件事。不要去责怪任何人，好好思考一下你想要的“理想状态”，同时记住这是属于你自己的理想状态，因此也是不断变化的。记住这一点也能让你在无法达到理想状态时不至于自责：不，你没必要“完美地”分手。

小贴士

如何找到属于你的跨越分手的方式

我们常说非典型人群就是他们自己的治疗师，这不是完全没道理的。你面临的困难之一就是：你永远找不到一个跟你一样的人，跟你一样非典型的人，即使是你身边的人。为了找到你自己的解决方法，你要相信你的直觉，感受和你自己身体的连接（不要局限于智力层面），像平时一样留给自己自省的时间。这样，你一定能开发出好几种方式，其中一定有适合你的那一种。

分手后期沉重的压力

对非典型人群来说，分手总是很复杂，其困难程度会因为与恋爱有关的社会压力而加剧。很多高敏感人群都像克里斯蒂娜一样，深深地感受到了这种压力。高敏感人群对言语和非言语都很敏感，他们常说分手后最让人难受的就是别人的眼光。别人的眼神里传来的同情和猜疑，让非典型人群很难完成自己的祭奠。因此，你要意识到社会压力这一额外的负担，从而最大限度地保护好自己。那如何做到呢？首先，你要知道你不一定要谈论你的分手，它没有刻在你的脑门上，它也和任何人无关。如果保持沉默能帮你更好地度过它，你完全有权利这么做。其次，如果你决定把分手说出来，别忘了随之产生的镜像效应，尤其是非典型人群：当别人对你说出他们的评论时，他们首先会从自己的视角出发，谈论他们自己，而他们看待事情的角度又受他们的家庭和社会条件所影响。举个例子，你的一个熟人拐弯抹角地问你："你从没想过要结婚或者生小孩吗？"里面暗含的意思是：你的年龄也不小了，如果你还不结婚，还不生孩子，就显得很奇怪，你该考虑考虑了。这个例子里的镜像效应很容易鉴别："如果我是你的这种情况，我会感到很焦虑……"结果就是，通过你的共情力和直觉，你发现这类评论完全和你无关。

这类评论极为普遍，而且从来都不好听。它们有可能来得不是时候，或者变得越来越多，这种镜面效应会让人难受。如果你很难与之保持距离，也不要加以指责，因为这很正常！为了更好地应对这种评论，这里有几个方法：

- 首先去解析它。为了训练你的这种能力，你可以把所有对你造成了伤害的评论都记下来，然后试着从评论者的视角，结合他的性格和经历等来理解这些评论。
- 这个练习的目的是保护你自己，同时也让你明白，这些伤人的评论通常都是拙劣的，而且也只能反映别人的视角和他自己的畏惧。善意地回应对方能让你在交流中敞开心扉，从而在镜像效应的作用下让你得到宽慰。

分手后常听到的评论	镜像效应	如何回应
你们俩在一起这么久了还分开，你一定很难接受。	正跟你说话的这个人，他自己很难接受恋爱很久后分手。	对你来说，这很难接受吗？如果你是我，你会很难受吗？因为就我个人而言，我感觉……
你不想再给你们一次机会吗？	他可能转移了自己恋情里遭遇的困难；因此，看到另一对恋人分手会让他害怕自己也会走到这一步。	如果我们跟你和你男朋友之间是一样的情况，我肯定会再给他一次机会，但我们之间已经发生了太多事……
……	……	……

- 如果你能一笑了之，那就这样去做；如果不能，那就回复一句“我不知道”来结束对话。这样一来，对方就很难反驳，除非你们谈论的是他自己的案例。如果你们谈论的是他自己的事，那你就更能意识到镜像效应的存在。
- 坦率一点。别忘了你有权不做回答，你有权说这些问题困扰到了你，或者让你觉得不舒服，你有权自

行祭奠你的爱情，你也有权恢复单身。毕竟，让别人知道什么该说，什么不该说也很重要。

- 让你的状态变得积极。很多高敏感人士喜欢独身，其中有多重原因。他们常说要回归自己，独身有更多时间做自己喜欢的事，可以真正地自省，能享受宁静的、无人打扰的时光，也没有去满足别人的压力，等等。这些时光颇为珍贵，因为能更好地理解自己，更好地认识自己，也许还能更好地接受自己，接受自己的非典型。因此，尽管分手会遭遇诸多困难，还是有很多人认为这对他们来说是一个机会，一个可以完全重建自己的机会，一个能更清楚地看到自己的需要的机会，也许接下来还能找到一个更符合自身期待的伴侣。

也正得益于这些时光，你才更有可能找到一个更合适的伴侣。当然前提是你想找，因为恋爱的方式不止有一种，也不是非恋爱不可。归根结底，分手也好，独身也罢，都是自我重造的方式，也是你对自我需要的总结。

我希望这本书能帮你从另一个角度看待事物，更加贴近你自己，不必带着寻求任何结果的压力。一切皆有可能，但一切都需要时间，尤其是非典型人群总是不断地在快速地成长。因此，你昨天认为需要的东西不一定今天还需要，也不见得和你明天需要的东西保持一致。花一些时间倾听你自己，去解析事物，按照你自己的节奏走，和一些善良的、有启发性的人多交流。恋爱不是答案，也不能替代什么，它只能唤醒一些新的情绪和感受。

应该记住的内容

◇如果说每对情侣都有想分手的时候，那么非典型恋人会更容易有这样的想法，因为他们之间的差异有时显得难以逾越，或是因为他们的关系里有毒。

◇两人之间的差异往往会衍生出力量的对比：我们都想表达自己的观点，甚至想把自己的观点强加给对方，以至于沟通变得不可能，进而可能导致分手。别忘了：你们是同一个阵营的人。

◇为了重启沟通、控制冲突，时间点和交流的空间尤为重要。作为非典型人士，你应该花点时间倾听并探索你的需要，不用担心标准，也不必从众。

◇有毒的关系是一种复杂的考验：它不仅强度会发生变化，而且还能导致恋人间的冲突，而不仅只毒害其中的一方。这也是为什么我们要格外当心：我们所有人都可能会变得有毒，尤其是在非典型让关系变得异常激烈时。

◇如果恋爱关系被重度毒害，那就分开吧，以此来保护你自己。分手很难，也需要时间：它是一场哀悼。每个人都有自己的反应方式。

总　结

我当调解师已有好几年，我发现许多非典型人士都喜欢剖析事物，当涉及他们的人生选择时，如果只停留在表面，他们很快就会失望。剖析的案例和实践越多，他们就越能自行掌握自己做决定的心路历程，而这点在他们看来正是独立自主、消除依赖感、找到自己的道路的关键。

这也是为什么，我选择在这本书里，和你们分享一些心理学和精神分析的相关研究和分析的结论，我希望它们能提供满足你们的剖析需求的工具。从这些研究结论和我在敏感研究所的咨询经验来看，我想在接下来的几页纸里向你们传达这样一个意思：要找到你的个性（包括情绪高敏、感觉高敏……）和从众主义的中间地带。我完全明白，面对这个做法带来的可能性和你还不习惯的自由，你可能会感到迷失。另外，我为非典型人群提供咨询工作的准绳就是，让每个人都有再生的可能。我知道这有多么的颠覆、令人焦虑，甚至令人害怕。的确，当我们开始时，谁也不太知道从哪儿开始，我们感觉得重新思考一切，按下重启键，我们之前所做的一切都要扔进垃圾桶，而从头开始是不可能的事。

别把这个理解你自己的过程当作一切归零，它更像是一次搬家。你先从现在的屋子里挑出大件；你也许会扔掉一些东西，或者相反，你会发现一些你没想到的纪念物。你小心翼翼地堆放了好几摞东西，把重要的东西包好。一件一件地清理。你可能会回溯你的人生，并发现有一些区域需要整理一下。屋子一清空，你就会发现原来你一直都很喜欢它，或者你会意识到它完全不符合你的期待。这间屋子就是你，就是你的恋爱，就是你的生活，所以慢慢来，不要急。这次搬家需要花费你的一些能量，碰到沉重的家具你可能还需要别人的帮助，也就是那些历史遗留问题。正是在这些时候，对人生伴侣的选择至关重要：他会在这次搬家的过程中帮我吗？他就是最沉重的家具吗？当我们搬家时，我们可能会惊奇于我们获得的帮助。

经常有人让我害怕失去一切，或让我担心自己在人生伴侣这件事上做了错误的选择，但如果你能关注自己的需要，而不是担忧，就不存在错误的选择。做决定并不是一件非常困难的事，最困难的是承担后果。在这种情况下，我们的责任心会经受考验。你是一个喜欢逃避责任的人，还是一个勇于承担责任的人呢？

要知道你是自由的，你能自由地审视你自己和你的恋爱，自由地向自己提问并和你的另一半分享，也能自由地做和别的恋人不同的恋人，自由地再次恋爱，甚至自由地独身。

为此，你首先应该和自己好好相处，认识你自己，理解你作为高敏感人士的特性并接受它们……有这些王牌在手，你会遇见合适的人，还能和他一直沟通你的需求。接受你自己，即使是单身的你，也能让你对自己更宽容，从而对别人也更宽容，让自己不至于陷入怨恨或恐惧之中，而是动用自身的所有资源来打造一段坚实的恋爱关系，或让自己一个人也感到幸福。当然，这一切都不容易，因为你可能会想从众，当变色龙，但你要明白这是一种适应能力，而非过于去迎合他人。慢慢地，你要懂得在你的欲望、需要和你欲求不得的事物中做抉择。这有点像摆在阁楼深处的老行李箱，上面已经积满了灰尘，你出于怀旧把它留存下来，但你真的觉得有必要把它留下吗，尤其是它还占了位置？

社会规范一直存在，一直存在的还有你自己的矛盾，它们能影响你做决策。要意识到它们会让你接受一些规范，同时也摈弃一些规范。我认为有必要在本书的最后提到这个观点，因为我知道很多非典型人士同时也是理想主义者或完美主义者，他们会想在自己的恋爱生活中做到最好。这也是一样要解构的东西，就像认为完美主义是一项优点一样需要解构。其实它什么也不是，甚至是一种无法摆脱的障碍，直到让你的身体和心理都得病。做自由的人，也要接受我们自己的局限，并对自己说："处于现在这个状态的我们还有一些缺点和依赖，不知道它们会不会有一天发生改变，也不知道它们会如何发展。"承认我们的无知、困顿、缺陷和局限，这本身就是把我们从从众的沉重枷锁中解放了出来，如果能在恋爱中做到这一点，就能带给我们很多幸福：我们学会了真诚地爱我们本来的样子。两个人（或者更多人）在一起，我们能相互支持、相互促进、相互帮助。两个人在一起，我们能移动大山，变得更强，并能在人生的不测风云面前有安全感，充满力量。两个人在一起，我们能更快地发展我们的韧性，因为对方为我们提供了令人宽慰且充满善意的心灵居所，我们能在这里做自己，甚至自欺欺人。两个人在一起，没什么是不可能的，但即使我们一个人，也能向前进，因为路不止一条，命运不止一种，恋爱的方式也不是唯一……对只想用眼睛看的人来说，存在皆幻影。利用你所有的感官和感觉高敏，充分地发挥你的情绪高敏，你会知道如何在你的个人生活中运用你那美妙的敏感潜力。

谢　词

我带着许多情感写下了这本书，它在我的脑海里和心里酝酿了多年，我觉得它是我工作生涯的结晶。这本书汇集了我人生多个方面的经历、体验与情感，无论是个人生活还是工作。

虽然我有成千上万的人要感谢，但毫无疑问的是，我首先要感谢那些信任我的情侣和非典型人士们，是他们来向我吐露了自己的内心。感谢你们的坚持和韧劲，更要感谢你们的人性。

同样要感谢太阳出版社发行了这本书，我希望它能帮助非典型人群追寻自己的道路。我多么希望每个人都能在这本书里找到一些词句和观点，可以鼓励他们走自己的路……

还要感谢我的丈夫，他也是我最好的朋友，一个非典型的男人，我们在过去的十七年里互相磨合，彼此靠近。从过去到现在，从现在到将来，我永远爱你。